# 在不确定的
# 世界里，
# 做确定的自己

查茗康◎著

台海出版社

**图书在版编目（CIP）数据**

在不确定的世界里，做确定的自己 / 查茗康著.
北京 ： 台海出版社，2024. 6. -- ISBN 978-7-5168
-3897-6

Ⅰ. B821-49

中国国家版本馆 CIP 数据核字第 2024DH6800 号

## 在不确定的世界里，做确定的自己

著　　者：查茗康

出 版 人：薛　原　　　　　　　　　封面设计：回归线视觉传达

责任编辑：王　艳

出版发行：台海出版社

地　　址：北京市东城区景山东街 20 号　　邮政编码：100009

电　　话：010-64041652（发行，邮购）

传　　真：010-84045799（总编室）

网　　址：www.taimeng.org.cn/thcbs/default.htm

E - m a i l：thcbs@126.com

经　　销：全国各地新华书店

印　　刷：香河县宏润印刷有限公司

本书如有破损、缺页、装订错误，请与本社联系调换

开　　本：710 毫米 × 1000 毫米　　　　1/16

字　　数：180 千字　　　　　　　　　　印　　张：13

版　　次：2024 年 6 月第 1 版　　　　　印　　次：2024 年 6 月第 1 次印刷

书　　号：ISBN 978-7-5168-3897-6

定　　价：68.00 元

# 自序

这本书断断续续写了六年。

它不是为了出版而出版，而是写给我自己的。

人到中年，我渴望在彷徨的人生路口，用文字的力量支撑自己继续前行。这些文字，是我心灵的结晶，我想通过与自己的和解，一个字一个字地实现对自己的救赎，照亮我的前行之路。

功夫不负有心人，现在书写完了，偶尔"精神饥饿"时我会拿出来翻一翻，就像见到久违的亲人，内心充满阳光。

当然，也有很多遗憾。

遗憾的是它像一味药，能治愈，却也有一定的"副作用"。

这种"副作用"主要表现在：它没有高度，没有逻辑，甚至可能引发反感。原因在于，我既不是搞哲学的，也不是一个学者，只是一个普通人，这些文字只是我生命最困顿的一刹那所产生的灵感，说白了，就是有事说事，平铺直叙，经不起推敲，更不具有思想的高度和层次。

在具体陈述中，我列举了很多隐名埋名的朋友的例子，他们的喜怒哀乐就是我们生活中的影子，从他们身上，我看到哲学"生生谓之易"的光芒，那就是无论你在这个世界上做什么，"无常"才是这个世界的本来面貌；如果人生是我们的小世界，那我们的人生也一定充满了不确定性。

当然，人们都不喜欢不确定性，因为人的本性都渴望"确定性"。但实际上，人生中的"不确定性"是普遍存在的，确定性的东西反而少之又少。因为在我们成长的过程中，总是伴随着无止境的欲求，而满足这些欲求的过程和结果，都充满了不确定性。但不确定性并不是坏事，因为它不仅让我们生活的世界充满了活力，还能让我们在边走边悟中迸发出更多的创造力。

对待人生中的喜怒哀乐，不要太在意。因为，痛苦与快乐都不会长久，它们相伴相生、循环往复，我们要做的就是管理好自己，不负此生！

比如，快乐幸福的人，要懂得感恩，以俭朴、谦卑、低调的态度去对待生活；而被生活折腾得很累的人，要活好当下，永不放弃，在悲伤的心田播下希望的种子……这样，我们就能在人生的道路上找到属于自己的那条路。

无论怎样，这个世界乃至我们的人生，永远都充满了幸福与痛苦、轻松与艰辛、失败与成功等不确定性。在这些对立的交叉和冲动中，要想让我们的心灵无惧无畏地健康成长，就要做确定的自己。因为只要做确定的自己，在任何事面前我们的心都能做到不动如山，平静而祥和，我们前行的脚步也会变得轻松又坚毅。

最后，特别声明，书中有些观点来自其他书籍和网络，在此，感谢大师们的精彩智慧！

查茗康

2024 年 6 月 6 日

# 目 录

## 三、以最大的平静去爱不确定的生活

## 四、爱情始于缘分，但最终要靠自己

## 八、与不确定性共舞，变不可能为可能

## 九、懂得释怀，就能站在心灵的最高处

## 十、掌控不了人生，但可以掌控自己

# 一、个人最大的底气是认识自我

# 什么是"我"

常听很多人在问："我"是谁？"我"在哪里？

其实，在每个人的生命体内，都有两个"我"，一个是"真我"，一个是"假我"。

"真我"，就是心灵，它不仅永恒，还是自由的、快乐的，充满了智慧，不会受到情绪干扰。

"假我"，就是支配我们在物质世界行走的身体，"假我"往往是不知满足的，且欲望无边的。

在面对世俗红尘时，如果你看重"真我"，那么"真我"就会跑出来指导你的生活；如果你看重"假我"，那么"假我"就会跑出来控制你的一切。

说得更直白一点，当你活出"真我"的状态时，你身上就会放射出爱的光芒，就会无限喜悦、无限祥和、无限幸福快乐。

当你活成"假我"时，为了满足"假我"的欲望，你可能会在欲望和痛苦的漩涡中无尽地挣扎。

有位智者说，人最大的悲哀就是被"假我"弄丢了自己，就是不会接纳自己，不会欣赏自己。当我们忙着羡慕别人的时候，就忘记了自己也是独一无二的生命个体。

一位在金融界小有成功的朋友曾对我感叹：如果我能活成某某的样子，那该多好啊！

他说的某某是指那些名利、权势双收的人。

其实，我们的生活，不是去活成别人那样，而是要忠于自我、正视内心，把生活过成自己想要的模样。

前一段时间，也有一位生意场上的朋友私信问我："瞧我真忙得快起球了，为什么不能活得更好一点呢？"

当然，一个人想"活得好一点"并不过分，如果这种"活得好一点"还是停留在物质层面的话，就会永远被"假我"所控制，永远都在忙碌中奔波，永远也没有满足的时候。

还有一位事业不顺的朋友对我感叹道："大道理谁都懂，我只是一个普通人，我总该要活下来吧？"

当然，有时候停一停并不是让你什么也不做，也许可能会让你经历一段短时间的困惑、痛苦；

也许这一切从长远来看都是值得的，因为最终我们会从自我反思中认识自我，会与在"真我"的进一步链接中更清楚地看待生活；

也许我们会更深刻地理解自己内心真正的需求和愿望，并能有足够的力量去面对生活的挑战，去寻找自己的方向，最后让我们遇见最真实的自己，遇见更好的自己。

有智者说得很好，其实"真我"就是光，而"假我"就是影子。

当你累了、困了、痛了、快撑不下去了时，就要提醒自己一下，你千万不要将"真我"弄丢了；你要去唤醒"真我"，只有"真我"的光芒，才能驱散"假我"释放的负能量。

比如，你可以放下手边的活，停下来、歇一歇，舒缓一下心情；

你可以泡上一杯咖啡或红茶、听听音乐，感受一下闲适；

你也可以安静地独处，去耐心地听一听自己内心的声音，找回那个真实的自己。

也许，等你能量满格时，"真我"就会告诉你，在这个不确定的世界，你唯一要做的就是做好确定的自己，你并不普通，你就是主角，只要你大胆地接受人生的一切，因为它们本来就是存在的，相信一切都是最好的安排……

# 人生的不快乐可以赋予快乐

一次聚会中，朋友们问："快乐到底在哪里？"

其实，我也感到很纳闷，生活的快乐到底在哪里呢？

欢鹏和欢秦是一对双胞胎，他俩都是我的大学同学。他俩一直都勤奋好学，是学校里的优等生，之后都考取了本校的经济类研究生。

十年后，我们在同学会上相见，得知欢鹏在一家民营学校当老师，玩世不恭，整天嘴里哼着小曲；欢秦当了公务员，已经升任副处长，但那张脸严肃得像秋打的茄子。

我问欢秦："你不是说等你有钱有势了，就可以买到友情、爱情、亲情、幸福感和快乐吗？"他却说："压力大……"然后，就开始在一旁埋头抽烟，再也没有理睬我。

欢鹏听到他的话，嘻嘻哈哈地冲过来说："哈哈，我当老师也压力大呀！"之后，他悄悄告诉我："不要与他计较！这些年，他越来越缺少童心了，总是纠结这、纠结那，觉得这世界他压力最大！我都有些瞧不起他！"

听了欢鹏的话，欢秦的脸拉得更长了。

又过了五年，我再次参加同学聚会，这时候欢鹏已是民营学校的校长，依然那么快乐；欢秦却辞职在家赋闲两年了，而且，老婆与他离了婚，一头乌发也掉了个精光。

欢秦狠吸了一口烟，对我说："生活真的很'丧'！"然后，他吐了口长长的烟，"即使有钱有势，还是买不到真正的快乐！"

欢鹏抢过话安慰他："老哥，别整天杞人忧天好不好？快乐是需要你开发的！"

"怎么开发？"欢秦狠狠地斜了欢鹏一眼。

"人生不快乐可以赋予快乐嘛！人生无意义，可以赋予自己生命的意义呀！"欢鹏说。

"我……不懂！"欢秦瞥了他一眼，直摇头。

"不懂？"欢鹏失声一笑。

"告诉你吧，人生这个东西，是没有快乐痛苦之分的，这就是它最迷惑你的地方！"欢鹏说，"你感到痛苦，它就映照痛苦；你觉得快乐，它就映照快乐，所以，要择你所爱，别辜负生活喽！"

欢秦没再回话，窝在座椅里，嘴上的烟头不停地闪着亮光。


# 人就是一场"当局者迷"的游戏

1994年远房表弟媳生了个千金，公司同事来道喜，女娃却放声大哭。

同事们恭维道："哇，这娃会哭，看来不是普通人。哈哈，我们财务部长生了一个歌星！"

站在一旁端茶倒水的孩子奶奶，不失时宜地插嘴道："你们为何要这样恭维她？她就是一个普通人啊！"

大家面面相觑。

自此，表弟媳就与婆婆结下了梁子。

表弟也曾向我感叹这事，原来婆媳失和就这么简单！

其实，婆婆说的话就是生活的本来面目。我们大多数人，都是普通人，每天都要上班、下班、为事业烦恼、为家庭操心……

人都是"当局者迷"，几十年过去，多数人都不得不告别年少轻狂的梦想，不得不辜负课堂上许下的壮志豪言，因为我们都是普通人：原本想成为银行家，却挤着地铁在跑市场；原本想搞艺术，却在给隔壁老王家儿子补课；原本想当建筑大师，结果却只在老家盖平房时显了下身手……

这就是人生残酷的一面！追求某种东西而不得，内心就会充满痛苦；欲望得到满足，依然会感到痛苦，因为接下来会去追求其他东西。

每个人都像西西弗斯（希腊神话中的人物，人间最足智多谋的人），每天都要将巨石推上山，在到达顶端之前又滚下山去……无止境地奔赴于无效又无望的追求，一旦人性滋生出恶毒、利己、嫉妒等阴暗面，欲望将永远得不到满足。

一天，我与一位90后的女同事一起出差，坐在高铁上闲聊，我好奇地问："你为何至今没有成家？"她嫣然一笑，用微信给我发了一篇她新写的日记：

"我妈一直认为我不是凡人。大学毕业后，我来到大都市，无论看到什么，都觉得新鲜，我也觉得自己就是那个手持利剑的屠龙少年，心中充满了期盼，比如：美好的爱情，大把的金钱，高大上的幸福，干出一番大事业来……结果，一晃三年过去，每天除了上班，就是挤地铁，在无数次失望、痛苦和徘徊中，我才慢慢接受了自己是个普通人：我是一个普通的平凡人，没钱、没势、没财、没貌，沧海一粟；我是一个醒悟的平凡人，像在接纳不完美的自己一样，接纳不完美的生活，接纳坚持活下去而不想很快死去的信念……"

"写得有深度！"我忍不住赞美道。

"深度啥？我现在才知道，人只不过是地球上的一个无足轻重的短暂生命，人生就是一场搞不明白自己的游戏……"她淡淡地笑了笑说，"你是什么终究是什么，从哪里来就会回到哪里去，往南方的地方还要往南……"

"啊！是吗？"我感到很吃惊，"这是90后该说的话吗？"

我们继续交谈，更让我感到吃惊的是，她居然是我远房表弟家的千金。

## 你的不顺都是认知带来的

有一次在与朋友喆交谈时，他竟然泪流满面，我问他为什么。

他说："也许是人到中年，时不时都会这样吧。"他告诉我，四十多年来他一直都不很顺，悲痛累积多了，就会溢出来。

我说，看起来你很阳光，还是公司中层，还有不快吗？

他笑了笑，说了这样一段话：

"我母亲怀我时，父母就闹离婚，想让我胎死腹中，万幸父母和好了，才躲过一劫。奶奶特别喜欢我，但只要婆媳关系一紧张，我就成了妈妈的眼中钉、肉中刺；只要婆媳一闹矛盾，妈妈就打我、挖苦我、咒骂我，还故意惹奶奶生气。进入学校后，我也不顺，因家庭出身不好，备受欺负。

"恢复高考那年，我考上了中专，毕业后开始上班，由于从小就没自信，懦弱、胆怯，又成了同事欺负的对象。在我们单位，好事从来都是别人做的，只有顶坑、填坑的事我来做……总之，对于我来说，不管做什么事都是难上加难，即使勉强做成了，也会搞得身心俱伤。"

一天深夜下大雨，雷电交加，他想到自己太艰难了，找来一根绳子，打算悬梁自尽，绳子却断了，他不仅没有死成，还摔伤住进了医院。

通过他断断续续的叙说，我发现，喆就是一个悲剧性人物，从小负能量爆棚，我宽慰他说："人生很多不顺都是自己吸引过来的，一定要改变认知，不要总是想它。"

他说："怎么摆脱？"

我说："我也不是什么大师，只能给你提些建议。如果，你每天都被越来越多的正能量包围，比如，欢喜心、慈悲心、包容心，就能吸引更好的人和事来到身边；反之，如果内心充满怨恨、恐惧、无奈、嫉妒、烦恼，每天被重重负能量围堵，不仅好事来不了，还会吸引更多的负能量。所以，要忘记过去，着眼未来，过好当下……"

# 只要活着就有意义

小区里住着的一位老太太，是一名退休教师，她每天的日常就是买菜、做饭、散步和睡觉。

有一次，我在散步时遇到了她，便向她请教人生的意义，她说："没意义。"

我感到很奇怪，"从小到大长辈都告诉我们人生有意义，您是老师，怎么能这样说呢？"

她停下脚步，咧着缺牙的嘴，笑着说："年轻人，我们都是普通人，说人生有意义，是人类给自己贴的高大上的标签！"

"那就是没意义了？"我忙问。

"要说没意义吧，我每天能活着就是有意义。"老太太似乎想照顾我的情绪。

难道活着就是给自己的定义？为了弄清楚这句话的含义，我连续一个月多都跑到图书馆翻书。

某天，我正准备去图书馆，门口传来"咚咚咚"的声音。我开门一看，是老太太，她提了个菜篮子站在我家门前。

看到我，她立马就问："听说，你还特地去图书馆查资料？想知道活着的意义？"

"是啊！"

"不用了，"老太太伸手从菜篮里拿出几本书，"我是教哲学的，这些哲学书你可能会喜欢。"

说罢，她放下书，就转身离开了。

我坐在客厅里，翻看着这些书，有马克斯·韦伯、《论语》、《人生的智慧》、《王明阳全集》等。接下来，我用了大半年时间阅读了这些书，果然受益匪浅。关于人生的意义，我还做了摘录：

德国哲学家马克斯·韦伯说："人是悬挂在自己编织的意义之网上的

动物。"

孔子曰："朝闻道，夕可死矣。"

王明阳先生说："你未看此花时，此花与汝心同归于寂；你来看此花时，则此花颜色一时明白起来：便知此花不在你的心外。"

……

这些语录告诉我，生从何来，死往何去，每个人的一生都是在探寻自己存在的意义。有人追求功名"满格"，嫉妒、贪婪、自私，但并不快乐；有人过得寂寞、苦涩，但心中有善，生活回甘。但我依然比较认同老太太的观点，生命唯一有意义的就是：坚定快乐地活着，即视痛苦为净化的过程，视快乐为感恩的过程，找出自己最想做的事情。

## 过度追求物欲，心灵就会失重

朋友诚是卖大碗面的。十多年前，他向我诉苦，旧城改造拆迁，他家分了五套房一个临街铺位，按理说相比旧城改造前城中村的生活，要富有、体面得多，他却觉得内心空荡荡的。过去累了，可以三五成群地喝点小酒，一杯酒下肚，就感到无比满足和快乐。现在，不卖大碗面了，每天都有酒喝，却没有一点儿生活激情。

"这是怎么回事？"他问我。我也回答不出来。

后来，我读了一篇文章：一位香港明星将几十亿家产全部捐给基金会，夫妻俩过着小市民的生活，很惬意。

按照现代人的思维，多数人可能看不懂、不理解："疯啦？为何要这样？"

人到中年，我总算明白了一点。其实，这就是内求，向内求的目的就是让自己得到真正的快乐和安慰，让自己的心灵不被物欲束缚。

西方哲人蒙田曾说过："人生最艰难之学，莫过于懂得自自然然过好这一生。"

古人云："欲成事，先成人。"

为什么人的心灵被物质控制了，就容易迷惘呢？因为物欲是无止境的，一味追求物质，心灵就会失重，快乐就会越来越少，人就不快乐了。

"那么，怎样让心灵不受物质束缚？"诚追问。

"向内求。"我现学现卖。

为了佐证我的论点，我说："死后，你曾追求的物质有何用？而现在无欲无求的你，却可以提升心灵层次，要想进入人生的好轨道，就要向内求，修心。"

他不想听我这一番"论调"。

"嗯，那你知道'人不为己，天诛地灭'是啥意思吗？"我又问。

"嗨，就是自私自利的意思呗！"诚答。

"错！"我说，"我上小学时，老师将自私自利解释为'人不为己，天诛地灭'，长大后我才真正理解了孔子老先生的真实含义：不修习自己的德行，就会被自然淘汰。孔子是在教我们向内求！"

"啊？这样啊？那我该怎么做呢？"

我引经据典，给他做了一番阐述："修行的最好方式是在尘世中修炼心性：我国晋代养生大家嵇康在其所著的《答难养生论》中说：'养生有五难，名利不灭，此一难也；喜怒不除，此二难也；声色不去，此三难也；滋味不绝，此四难也；神虚精散，此五难也。'就是说，要想摆脱物质对心灵的束缚，首先就要抛弃名利，超然物外。"

那次谈话之后，我俩就分开了，由于彼此的生活都非常忙碌，连续很久都未见。最近一次见面是在一家牛肉面馆。那天我到这家面馆吃面，很意外，这家面馆居然是诚开的，那时的他戴着一顶高高的厨师帽，穿梭在热气腾腾的人群中，给食客端上 8 元一碗的面条，价格接近成本，每天只要卖完 300 碗就收摊。

收工时，我问他："这样快乐吗？"他一边用肩上的毛巾擦脸上的汗水，一边说："这就是你说的'幸福向内求'吧，虽然不赚钱，但我很快乐。"

难怪有人说，人性中有高级层面和低级层面，但我们一般追求的是低级的物质层面，而忽略了生命中本有的高尚的精神层面，而只有展示高尚的精神层面，生命才会充满阳光。

朋友诚是也。


# 问题儿童的背后必是问题父母

每次下班路过一栋居民楼，我就会听到一个妈妈在责骂孩子，比如：成绩差、不听话、不用功……我很想一探究竟，为什么总是给孩子带来负能量。

第二天，我下班早了点，正好遇到了那对母子。妈妈走在前面，她一路走，一路骂，前方 20 米处有一个背着双肩包、七八岁的小男孩，正默不作声、低着头、小心翼翼地向前走。

我加快步子，问妈妈："这位妈妈，你为何老骂他？你瞧你的孩子多好？

你骂他，他都不回一句话……"

"你知道什么？"妈妈停下脚步，朝我瞪圆了眼睛，"他好吗？好在哪里呢？刚才，他们老师还说他又在学校闯祸了，不仅打碎了窗玻璃，还划伤了自己的手！哼哼，都是他老家的奶奶惯的，学习不行，只会搞歪门邪道！"

我知无法劝她，就歉意地笑了笑，快步超过他俩。回到家中，我跟家人说起了这件事，家人对我说了那对母子的情况："你也不能说那位妈妈不爱她的孩子，她只是受了刺激，刚离了婚，心中的无名之火无处发泄，只能发泄到孩子身上。"

"那孩子也是无辜的，"我说，"看来孩子的问题，就是家长的问题呀。"

"其实，这个妈妈也不容易。现在离婚了，孩子就是她的全部希望了。"

"做妈妈即使再不容易，也不能看不见自己的问题，总是冲孩子出气吧！"我不快地反驳。

"贫穷不会带来教育的失败，但精神虐待一定会制造出问题儿童。"我又补充道，"比如，我的那位老乡凌……"空气一下子变得沉默了。

我要说的那位老乡叫凌，家人都知道他。20世纪70年代，他母亲曾在村小学当老师。但因家庭出身不好，年轻时有强烈的自卑感。后来，她找了一个根正苗红的农民结婚后，却搞不好婆媳关系。他母亲只要在外或在家受了气，就回来责骂凌。连吃饭的时间，也在骂儿子不懂事、不聪明、不孝顺，站没有站样，坐没有坐样，甚至当孩子面说"你一定不是我生的，是从大桥底下捡回来的"。她甚至还逢人便说："如果刚一开始不要孩子，我与凌的爸早就离婚了，现在所有的不幸都怪这个孩子。"

后来，凌终于忍受不了，离家出走，那一年他刚8岁。看到儿子不见了，亲朋好友四处寻找，三年后才找到。那时，他已经被一个农妇收养，家里虽然有些穷，但日子过得舒心。

凌回到了原来的家，但与母亲很少说话，只要受点气，就会跑回养母家。

好在老天眷顾，凌考上了大学。母亲认为，儿子接受良好的教育，母子关系就该拨开乌云见太阳，但他们之间的关系还是不如他与养母的关系那样亲近自然。

凌步入社会后，做老师的母亲敏锐地发现他有一个致命的弱点，就是不自信，不管怎么努力、专业水平如何，只要人一多，就不敢说话，自卑、自闭。

结婚生子后，凌对自己的孩子也有些粗暴。有一次，妻子陪凌去看心理医生，医生详细了解了凌的童年后，便对他们说："每一种性格缺陷都是由童年的不幸造成的，每个问题儿童的背后必有问题父母，所以，从现在起，你们要善待孩子，给他阳光，让他茁壮成长吧！"

# 人生苦与不苦，只有一条途径

回顾历史上的宗教、哲学、文学、电影、音乐等，有无数药方都能帮助人类消除烦恼，但今天人类的烦恼却越来越多。

有人说："大家都在努力追逐金钱和权力，人生怎么能不苦？"

有人说："一个人的欲望太强烈，只会给自己的人生带来更多的苦难。"

一位企业家演讲，说创业十几年来，即使付出再多的努力和承受再多的失败，也没换来幸福，他感到非常苦恼，直到现在才明白，人活着就是受苦啊！

一位朋友去南方某座城市看打工的儿子，回来后大发感慨："我儿子买不起房，常年都要加班，在那座城市难觅人间的温情，永远只有狼性、狼性！他们领导也口口声声说狼性好！它好在哪里呢？既然是人，我们为什么要有动物的思维，就不能做一回人吗？为何要做动物呢？"

世界上的一切都在发生变化，所有的青春美丽、财富权力也在慢慢变化，只有懂得化苦为乐，生活才能多些甜味儿。

其实，世界本不复杂，复杂的是人心。欲望太多，心有困惑，心灵就容易被困住，人生多半都是苦的；认不清世界的真实面目，就会忽视了当下的快乐。

甲问："苦和累就是人生，什么力量能让我们坚持活下去？"

乙说："当然，如果能快乐地活下去就更好了。"

一位跳广场舞的大妈说："我名下有数十套房产，却并不快乐，后来我才发现，活着就是受苦。其实，真正的快乐是心的快乐，只有跳舞才真正快乐。"

既然放不下，何苦强求放下？

既然求不得，何苦强取豪夺？

既然怨长久，何苦心心挂念？

既然爱别离，何苦不忘记？

还不如悠然、随心、随性、随缘。

我们的人生不会尽善尽美，既然无法决定生，而死亡又必将来临，倒不如把过程走好，活在当下。

# 你越抗拒，它越持续

章秦是我的好朋友，事业心特强。在公司担任办公室主管时，他事必躬亲，非常辛苦，遇到了难题，就会千方百计地去攻克，非常执着，谁劝都不听，常常会将简单的事搞得越来越复杂，不仅问题解决不了，还搞得自己焦头烂额。不久，公司将他作为"交流干部"调离了岗位，他的位子则由他的副手老费接替。

老费是一个"老奸巨猾"的家伙，他最大的特点，就是遇到解不开的事就逃避，或"不管"，或放下……谁料，他这一套"无为"策略，却能大事化小，将乌烟瘴气的办公室管理得服服帖帖。

有一次，我与老费交流，向他讨教"管理"良策。

他只说了两个字："逃避。"然后，他解释说："这两个字要运用不好，就是'腐将'，甚至还会带来坏风气；运用得当，就是'智将'，还能顺势而为，推动事情向好的方向发展。"

我表示认同。接着，他告诉我："我之所以不像章秦那么累，是因为我知道——你越抗拒的事情，它越会持续；不要抗拒你的当下，要移开你的注意力，不再持续关注它，去关注此刻让你开心的事情或让你感觉好的人。你要做的是，让自己这一刻很开心……最后，事情就会变得越来越好。"

# 二、在面具底下真实地活着

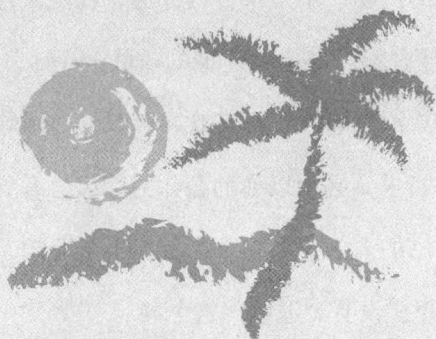

# 在痛苦中真笑

如果每次都祷告祈求风调雨顺，结果却处处不顺，你该怎么办？

葰刚参加工作时，被分到最基层的乡镇。那里缺水没电，工作的第一天就哭了一整晚，但第二天他还是精神抖擞地去上班了。他觉得自己是个小人物，哭给谁看？大家都很忙，谁都无暇顾及，好好照顾自己才是上策。于是，葰总是笑呵呵的。他的笑是在悲观中辛苦度日者的良药，以致别人并不知他的伤悲。

葰凭实干一步步从基层走到了大都市，虽然没当上大官，却接受了不错的历练。

那一年，葰应聘到南方大都市的一家新公司，做项目时，他努力收集资料，加班加点制定方案。半年时间很快就过去，这些方案却无一落地，无论怎样祷告祈求，总会遇到各式各样的问题，不是来自内部的，就是来自外部的各种羁绊。有时，别人的项目出了风险，还会牵连他的项目。

他感到沮丧至极。但好运不喜欢沮丧的人，不喜欢唉声叹气、碌碌无为的人，不同情弱者；而所有的祷告祈求，必须以你的奋斗为前提。看到别人业绩不好降薪降级，葰开始思考自己的未来，如果下半年出不了业绩，他就会被无情地淘汰。可是，葰的字典里并没有"退缩"这个词。

葰觉得自己新公司最绝望的时候，就是人生临门一脚的时候，也是否极泰来的时候。他反复告诫自己："不要想太多，这点困难算得了什么呢？不

18

就是背水一战吗？不就是如履薄冰吗？我还要加倍努力，绝不能退缩！"

这一年，葆做成了几个项目，并获得几个创新大奖。在获奖台上，葆分享了一句心得："在人生低潮时，唯一要做的就是要在痛苦中真笑！如果你的心中想到失败，你就可能失败；如果你没有必胜的决心，胜利都不会向你微笑！"

听了他的分享，我想到这样一件事：

一年前，有个朋友在一家全国的头部公司卖养老保险，一年后与他一起卖保险的人都走了，只有他坚持了下来，通过不断的努力，他客户如云，业绩爆棚，当了主管，成了合伙人。他说："公司平台好，全国连锁的养老的项目也不错，我为何要走？只不过这种'养老＋医院'的创新模式，一时间很多人不了解，其实只要多宣讲，就会为越来越多的高端客户解决痛点……个人战果的取得，并不是源于马马虎虎的状态，所有的获胜者都是坚信梦想、坚信自己一定能做到的人！我相信，我一定是那个销冠！"

职场如此，人生亦如此。

# 放弃是一种新的接入

人生就像一只风筝，拉得太紧，压力就大，要该松手时就松手，该飞翔就飞翔。

那年，好友飞飞拿着辞职文件走出了公司的电梯，仰天长长地吐了一口气，再次呼吸时闻到了空气里裹挟着的桂花浓香。飞飞不由得回眸这幢容纳他七年的大厦，一时间，五味杂陈、感慨万千。放弃了所谓的高薪，放弃了一切。

飞飞捧着仅有的几件办公用品，走在自己熟悉的马路上，并没有预料之中的轻松和兴奋，天还是那个天。

我问他："人到中年为什么要选择漂泊？"

飞飞直摇头，也许这个不明智之举花费几个通宵都说不清。

几个朋友设宴为飞飞送别，喝了几圈酒后，又换地点喝了几杯咖啡解酒，惜别之情难以释怀。最后，飞飞不得不找代驾，被人扶着上了停在马路边的私家车……在一阵轰鸣中，汽车碾碎了那份难舍难分。

在路上，飞飞收到几位朋友发来的寒暄短信，那种关心和关怀让他收获了七年以来最强烈的温暖。当然也有几位朋友选择"石沉大海"，只在心里默默相送，飞飞认为这是他们的权利和做人的方式，别人无从干涉。

生活就是这样，总出人意料而又在意料之中。

朋友辛，好像猜透了飞飞的心思，打来电话："甭想太多，辞就辞了吧，何必拉得太紧，显得那么黏糊？"

飞飞微笑地吐着酒气，哼哼作答。是呀，对过去的事，不再怀念；对离开的人，不再缠绵；对做不到的和对不住的，不再自责。

飞飞的车就像获得释放似的，一路飞奔。过了前方的隧道，就是另一个城市啦！这隧道就如人生，小车驶入已无法后退，前方之路不长也不短，如果想选择一种新的活法，就要敢于与人生和未来对话……这时，你就会明白：放弃，也是一条新的隧道！

# 原谅别人就是放过自己

　　章辉在职场上打拼五年，刚当上团队领导。团队成员都很年轻，基本上都是刚出校门一两年。于是，章辉当起了大哥哥，对成员的生活和业务成长都很关心。

　　年底，团队有两个项目要突击完成，为了不让人拖后腿，他就看紧了做事有点不牢靠的项目负责人小川，结果小川却反将章辉告到领导那里，说他领导方法不够，不体恤下属，章辉被领导狠狠责骂了一顿。

　　本来都是一些小事，加班也没有很多，只不过督促进度紧了点，要求严了点，却被告了"黑状"，章辉耿耿于怀，想不通、放不下。其实，这段时间章辉也很不顺，除工作不顺外，身体也总是出状况，感冒咳嗽不断。

　　那段日子，章辉与妻子正在冷战，因为妻子不愿意买机票去他老家过年。三年前，妻子坐月子，想让婆婆过来帮忙，婆婆却醉心于旅游。章辉心里清楚，妈妈从小就不太喜欢他，加上妈妈年纪大了，也没有义务给自己带孩子。

　　但让章辉觉得不公平的是，二弟的孩子出生后，他妈竟然主动为二弟家带孩子。妻子知道后，心里更不是滋味。

　　为此，章辉一直睡不好觉，妻子也睡不好觉。后来，听他二弟说，老人后悔当初没过来给章辉带孩子，现在人老了，只想在二弟那里补救一下。

　　不管真相如何，别人伤害或错了一次，我们却让这创伤伤害了自己很多次、好几年，甚至一辈子！那真是不值得。

一天，公司请来一位心理咨询师给员工上课。心理咨询师让学员将心里放不下的话全部说出来："你们能不能原谅别人、放过自己呢？如果能，就放开说吧！"结果，哭声一片。

小川走过来，当着众人向章辉道歉，说："我太年轻了，在领导面前说你'坏'话，其实我只想解压，并不是存心告状。"

章辉说："那时公司的事、家事混在一起，我心情不好，也误解了大家，给大家增添了麻烦。"

心理咨询师开导大家，让大家将这种主动认错的氛围带回家中，"无论过往怎样，我们都要选择原谅他人，放过自己。"

那天听完课，已经是晚上九点钟。章辉回家路过夜市，特地给妻子买了一束玫瑰，并主动向妻子道歉："我在买回老家的票这件事上没有征求你的意见，大男子主义了，对不起，我以后一定多尊重你的意见。"

谁知妻子却说："我就等你这句话呢。我虽然没回你家，但早就将给妈的年货快递回去了。"章辉听后，感动不已。

之后，章辉主动给妈妈打了电话，他告诉妈妈："今年给您的年货是儿媳妇打点的……"

妈妈说："快递已收到，年货很齐全，你们想得非常周全……孩子，你一定要原谅妈妈偏心，原谅妈妈的不公，我一开始也没有做好当婆婆的准备，只顾自己玩乐了！"

那天晚上，月光非常柔和，晚风特别清爽，这是章辉最释怀的一次，他觉得心情舒畅了，感冒咳嗽也好了，他对妈妈说："只要您身体好就够了，我们并不希望您为我们做什么。"

# 无论做什么，敬畏心都不能丢

生活总是这样，出人意料又在意料之中。

朋友荞自我感觉很好，二十五六岁就当了部门经理，春风得意，仿佛这个世界就是围绕着他转的。

他很聪明，也很勤奋，只是有点趾高气扬，只要取得一点成绩，他就觉得比别人高一等，谁也不放在眼里。

有时，我希望他对社会、对世界、对万事万物，有一点敬畏和感恩之心，对金钱、权力、名望看得淡一点儿，顺其自然一点儿。可是，自从当了公司的一方"诸侯"后，他更喜欢把自己摆在别人的对立面，不愿意与人心平气和地谈话，动辄要比个高低，甚至要骑在别人头上，才觉得够威风。

一天傍晚，我在街角遇到他，问他怎么从巷子里钻出来。他喉咙"咕噜"一声，说他辞职了。

我非常吃惊，他的脸上有着我从来没见过的自负与自卑的奇怪组合。

我真想说："早知如今，何必当初呢？"可我没说出口，只说了几句安慰的话语。

匆匆与荞告别，我心中感慨万千：唉，真是人生如戏，有时让人欢喜，有时又给人带来无尽的苦痛，一下子将人推向绝望的边缘。因为，在你得意忘形的时候，很多事已经"发生"了。

后来，我给荞发微信，关照他要照顾好身体。

他说："要身体何用？心都糟透了。"

我说："波峰低谷都是人生的常态。"

他说："大道理谁都会讲。"

我说："那你生病啦？"

他不解地秒问："什么病？我吗？哈哈哈……"他知道我在故意调侃他，哈哈笑了几声。

接着，他又说："世人多媚骨，唯有君如故，今天与你交谈是最快乐的一天。"

一年后，我再次见到荞时，他已经开始了一份新工作。

我问他："还会像以前一样吗？"

他乐呵呵地对我说："过去我并不知道自己的德性，等从量变到质变，只能自食其果了。现在，算是明白了，不管怎样，无论做什么，敬畏之心不能丢，因为它是一个人东山再起不可缺少的动力。"

# 沉默是一个人的狂欢

芰是我的好朋友，每次不开心的时候，他总是沉默寡言。

面对大海，面对草地，面对楼宇，面对星空，在属于自己的角落里，安安静静地待着。他的很多不快，都在沉默中流逝。

比如，小时候，妈妈不喜欢他是因为奶奶喜欢他，妈妈和奶奶的关系不好，他就成了受害者。

妈妈与奶奶吵架时，也要顺带捎上他。

那时，艾总喜欢跑到附近的小山上，一人坐在大树下发呆，好像整个世界都与他无关。

艾渐渐长大，个性也没有什么变化。到了中学，每次开家长会，大家有说有笑的，他还是沉默寡言，我知道他最盼着爸妈能来，却总不能如愿，所以只能用沉默代替期盼。

若干年后，我参加一个研讨会，在会场碰见艾，他已经是一个公司的高管了，还是一副沉默寡言的样子。

我问他："你为什么还是不爱说话？"

他说："现在的沉默与过去已经不同，童年谁不想有天真烂漫的欢乐呢？小时候的沉默是一种逃避和无奈。现在的沉默已经变成了我的修行，面对纷繁的社会，我必须学会闭嘴，因为生命中大部分时光是属于孤独的、属于思考的，于是，我喜欢上了沉默。何况沉默还是一个人的狂欢，甚至还是懂得拒绝的解药。"

## 看不惯的本质就是没了自己

朋友亮的爸爸曾是一家国企的领导，最近退休了。

平时容光焕发的董事长，脸色一下子变得黯淡了许多。

他想不通，为什么过去在公司里那么多人围着他，他也真心对别人好，如今却连一个说话的人都没有？

也因此，他的脾气大变。

亮开玩笑似的对我们说："我老爸，其实是'仇权'，'仇权'的本质是爱权。这里'仇'是手段，'爱'是目的，对别人拥有权力是'仇'，对自己拥有权力是'爱'。"

亮对自己老父亲的分析真是一针见血！

后来我才知道，亮本来在父亲的光芒照耀下，会顺利走上仕途，但大学毕业后他执意要去当大学老师，研究哲学。

他对我说："我这样选择，其实只是不想让自己的生活在名和利的角逐中变得沉重而已。得势的人就像月亮，月亮本来没有自己的光，映出的是太阳的光。我老爸同样如此。他本身没有自己的光，他的所有光都来自别人世俗的眼光。

"如果人傻点、愣点、憨点，就能自带光；太精明、太计较、太明白，会消解光。比如，我老爸退下来了，我一点也不失落，因为我身上本来就没有他的光芒。我的'傻'让我自带光芒；相反，我老爸自己却像如临深渊，苦不堪言。"

"你还是开导一下你老爸吧！"

"没用的，他也不听！"亮直摇头，"我老爸现在的这种状态，就是一场自己与自己的较量、自己与自己的比赛，是快乐打败消极，还是相反，最后都由他自己说了算！"

## 为何所有人都不认识我

当你被复杂的职场冷漠和超负荷的工作压得喘不过气来时，你会觉得自由是那么遥不可及。

可当你离职后，所有人都会不"认识"你，包括同事、街坊邻居等，你会感到一种被世界遗忘的孤独，以及对未来周而复始的重复，产生一种无可救药的窒息感。

辞职赋闲在家的那段时间，我就是如此。

小花园的芒果树年年下果，今年却啥也没有。

闹钟总是失落地瞪着我，后来我才意识到，它之所以会被"下岗"是因为我，它再也不会将我从鼾睡中叫醒。

那个上班路上相伴相随的双肩背包，被我这个主人无情地丢弃在一边，上面覆盖了许多空气中的微尘。

我家的狗狗"旺旺"，心思沉重地蹲在一旁，瞪着一双祈求的眼睛，默默地观察着我的一举一动……

唉唉，你们这帮家伙都太敏感了吧，你们只会在我的空间制造冷漠。

在家的这段时日，我发现自己的思维模式也变了。过去，开口闭口总是壮志未酬身先死的焦虑，现在呢，是长时间沉寂和空虚。

一切都在静止中等待改变，不容置疑、令人窒息。

后来我买了一张机票，想去遥远的城市试试运气。

当我要飞走时，妻子靠在高大的行李箱边，默默望着我，眼里藏着不舍。二十多年的相濡以沫，只剩下浓情如血的送别，我能用什么词汇来表达呢？

我只能逃避地低下头。妻子说："走吧，走吧，你再这样待下去，会被整个世界抛弃！现在，你飞得越远越好，带上行李，带上梦，去进入崭新的人生吧……嗯，如果飞累了，就再飞回来，这个家永远是你温暖的窝……"

妻子说的对，不走出去，所有人都会将我遗忘，我也会没了自己，忘掉那个志向远大的自己。

# 烧不死的鸟就是凤凰

现实中，我们都被各种压力裹挟着。

拼命加班，不敢休息；

牵挂着自己的业绩，手机 24 小时随时待命，等待一切的机会。

我们"小老虎团"营销团队平时最爱叽叽喳喳的几个兄弟姐妹，现在都像吃了生肉似的，眼睛红得可怕。

刚发了绩效工资，他们那被满身汗尘包裹的青春，并没有得到一点点慰藉。

职场是残酷的，市场大势不好，这个月我们团队销售业绩下滑得厉害，特别是几个刚跨出校门、从"梦想年代"落入营销战场的大学生，一下子体会到了什么是剑影刀光，腥味十足。

乐观的糖果甩着一头短发，斜靠在一堵白墙上，给家人发信息。

她极力伪装成玩世不恭的样子，我知道她正与家人说什么，依她的个性，是报喜不报忧的老话题，但我知道她的每个字都滴着泪。

一向怜香惜玉的好男儿爆米花，奓拉着一头爆炸发，直直地瞧着手机屏上那张风吹秀发女友的照片痴痴发呆。我知道，上个月他女友在网上看上了一条裙子，他本来指望发了绩效奖就给女友一个惊喜，现在一切都泡汤了。

平日滔滔不绝的飞镖侠，那薄薄的双唇有点发紫地闭在一起，他将智慧的大脑袋安静地搁在一张冰冷的绩效考核表上，故作思考状，旁人并不知他在研究什么。他烦躁不安地将一只手上的圆珠笔弄得"嘎嘎"响，但无论他怎样加速折磨笔，也改变不了这个月正等米下锅却已泡汤的房租……

幸运的是，他们并没有抱团哭泣，也没有大声哀号。他们安静地在一旁舔着伤口，做出勤于思考状，让我一时间有了励志的冲动……

我是队长，知道他们很努力，在营销战场上，有时成功虽然只离自己一步之遥，却就是跨不过去。

"开会！开会！"我高声嚷道，"找原因！别像霜打的秋茄子似的！"

团队十名成员立刻站在我的面前，我高声道："说吧！大家说出来痛快一点儿！"

说实在的，我也受到了压抑气氛的感染，恨不得立刻能端一碗心灵鸡汤"咕咕"喝个底朝天。

"嗯，嗯。"飞镖侠干咳两声，道出了大家的心声："我们就是不服，我们做了最大的努力，结果……"

"丧气！丧气！丧气！"我立刻撇嘴给了他一个差评。

"嗯……"爆米花咧着嘴接过话茬，好像吟诗似的，"当我们怀揣着一些侥幸去期望时，那些魔鬼似的霉运却趋之若鹜，不给我们一丝机会，不让我们成功……"

我一脸冰霜指责他，"丧气！丧气！第二丧气！"

"嘻嘻嘻……"糖果佯装着一脸笑，缓解了全场气氛，"我知道我的誓言很微弱，我知道我很多时候还要搀扶，但伟大都是熬出来的！这次业绩不好算个啥！不在失望中死去，就在失望中新生！兄弟妹妹们冲呀！冲呀！"

糖果激动地挥舞着拳头，气氛被她成功点燃。

"嗬嗬，虽有点煽情！但总算说到点上了！"

这是我彰显权威的一种表达。

全场变得出奇的安静。

当然，在接受训示前我需要故意给他们营造一点小紧张。

哼哼，瞧瞧那山雨欲来了！我能感知每个人心里都在期盼我的训话，那种勇气和不屈正在悄悄发酵！

霎时，有一种说不出的快感从我心头掠过，快速地将昨晚上现学的东西抖了出来。

"兄弟姐妹们，知道吗？"我故意拖长音，"想当年我……我如果没经过挫折和委屈，就不是你们的队长。我们当中无论谁，如果你对挫折和委屈能一笑置之，胜利就在你眼前！现在我要问的是，你们是愿意当别人成功路上的垫脚石，还是当烧不死的凤凰？"

"凤凰！凤凰！"欢声鹊起，在团队的上空爆响。我被一帮挺直腰杆的兄弟姐妹簇拥着，手拉手晃动起身子来。

"加油！加油！我们要加油哇！"飞镖侠、爆米花、糖果大喊着。

这时，每个人都伸出手，一个压一个，激昂地朗读我们的团队的团训——

"当你心中有一些杂念时，就呼喊我要成功！

"当你心中还有一些杂念时，就要呼喊我一定能成功！

"当你心中还有一些杂念时，就还要呼喊我一定会获得巨大的成功！"

不要怀疑自己，不要被挫折和委屈影响；太阳总会升起，即使暂时还在地平线下！

还有，这个世界即使有一场大火，最后烧不死的鸟就是凤凰！

顿时，我感到一束力量的光芒，直接穿透了我们身体，我们的心灵在振作中重获新生……

在这个不确定的世界，不要惧怕失败，而是要学会站在生命的最高处，因为烧不死的鸟就是凤凰！

# 顾虑太多，会降低个人价值

窗前雨打芭蕉。

也许，彷徨苦闷时，你最需要的是一杯热茶或一杯刚煮开的馨香的热咖啡。

坐在窗前沉思或邀请朋友对饮，再远眺那青山隐隐，流水迢迢，最能卸下所有人性伪装……

这也是很多人心中理想的生活状态。

前不久，我那不显山不显水的同事老山宣布了一个让全办公室震惊的消息——他辞职了，还卖掉了城里仅有的一套房子，就像三十年前从农村奔来南方那样，现在他要怀揣梦想，从都市义无反顾地奔向农村老家了。

"老山，你这是受了什么刺激？"

"你简直变得奋不顾身了，熬到退休不好吗，你怎么自绝后路呢？"

"噢，你一定是想效仿古人隐居，铸造你那对雌雄宝剑吧？"同事们胡乱猜测。

我走上前，紧拉着老山的手，跟他开玩笑："伙计，你，你没事吧？"

老山满脸憨笑对我说："物忌全胜，人忌全盛，还是早走好，我都快五十了，难道非要等人家撵走不成？"

几天后，他来办理了辞职手续。看那架势，情难舍，心难留。

不到一年，老山就在老家盖了一幢依山傍水的四合院，取名为"老山舍"。

我是第一个去看他的。

房子整体由雪松木建成，推开木雕百叶窗，满眼山青水绿，香甜的清风带着林中鸟鸣欢歌扑面而来。

院中几簇翠竹、几条攀缘的青藤，石桌上几杯好茶，手中几本杂书，一对老夫妻甘愿在寂静之中独守清欢，共同勾画着一幅田园的夕阳晚景。

由于老山的"蝴蝶效应"，公司的丽丽与大龙，这对被誉为90后的金童玉女、前途无量的年轻夫妻，也辞职跑到乡下置了一个小农场，还盖了一幢青砖黛瓦的二层房子。

这栋房被两口子用小视频传回公司，我们眼睛都看直了。

整栋房子被竹海茶园包围，一条鹅卵石铺就的弯弯曲曲小路，是两口子牵着小狗散步的专道。视频中，两人还顺手采了一些枝丫、花草什么的，插在家里的花瓶里留作欣赏。

当新月如钩时，两口子就会坐在客厅，点着蜡烛，什么也不做，隔着落地玻璃窗看星星，给人一种惬意的宁静感，只有不远处高铁电掣般划着灯火，在黑夜中闪着文明社会的光亮。

"太不现实了吧？"

"考虑后果了吗，考虑未来了吗？"

"还有你们即将出世的孩子？"

同事们向两口子抛出许多疑问，得到的回答只有一张跳动的笑脸。

不久，我们又看到小两口发来的小视频，或白日里安闲而坐，一壶清茶、一缕阳光；或坐在寒灯细雨的窗前，在书桌旁彻夜读闲书；或抚琴听雨……

真让人羡慕！与其顾虑太多，不如放手去做。说不定，这是他们的另一种工作呢。人只要开心，有生活的欲望，在哪里都能实现自己的价值。

# 拼到最后拼的就是这个

一个人在陌生的城市打拼，很多人都会问自己：人拼到最后拼的是什么？

当然，每个人的感悟都不同。

老师在南方大都市奋斗了三十多年，成为一家上市公司的总经理，房产好几套，年薪超百万。虽如此，他每天还是一丝不苟、孜孜不倦地工作，从来舍不得歇一会儿。

"事业有成，家财殷实，还图什么？"

父母问他，兄弟姐妹也问他，他也问自己。

少小离家，白发斑鬓，难道还有梦想未圆吗？

我读过他的微博，其中有这样一段话："人拼到最后拼的是什么？不一定全是为了钱，而是拼梦想、拼责任，还有骨子里那份自信、淡定、从容！"

朋友小蔡是我认识的人中最有激情的人之一。

十五年前，小蔡来到南方某银行。开始时，他难以适应银行的考核机制，走马灯似的换了几家银行。为此，消沉了五六年。

最消沉的那段日子，小蔡想拖着行李箱一走了之。他打出租车去机场，满头银发的司机大哥听了他的叙述，毫不客气地指责道："你这么年轻就退缩了吗？我也是退休后才来开出租的，我都无惧，你还怕啥？你知道吗？人拼到最后拼的是什么？拼的就是毅力和信心！人若不拼不搏，人生就白活；不苦不累，人生无味！"

小蔡瞬间开悟，当即退了机票，折返回来。

关于"人拼到最后拼的是什么？"这个问题，同事晶晶说，她独住在农村的奶奶有另一番感悟。

她奶奶今年93岁，经历过战争、疾患、饥荒。

奶奶先后两次结婚，两任丈夫都已病逝，几个儿女如今只剩下晶晶爸这一根独苗。

奶奶至今坚持自己独住，一切自理，任何人来请她一同居住，都遭她拒绝。

奶奶常对晶晶他们说的一句话是："人拼到最后拼的是什么，拼的就是乐观，拼的就是身体，只要精神好、身体棒，在哪儿都能活得好！"

# 三、以最大的平静
# 去爱不确定的生活

# 心怀梦想，生活就会变成一杯酒

人到中年，乔的行为有点古怪，喜欢一个人独行。

不过，也不要说乔不对，更不要说他"异常"，如果想让心灵回到精神的故乡，就要找一个僻静处独处。

每个人都是如此。

乔是一个运气特好的人，年轻时顺利考上重点大学，毕业后顺利在一家银行工作，一路晋升至中层。

娶娇妻，生千金。

股市红火时，他日进斗金。

房市红火时，他大赚特赚了一把。

出门名车当步，四海有朋友相迎，风光日子好不快哉！

可是，这样一切顺利的人竟然也"忧郁"了。

或许，是他走得太顺了。

人到中年，反而没了信念，大脑一片混沌，啥心思都没有，人好像变空了。

我顶着可能被乔刺得遍体鳞伤的危险，笑着劝他："唉，你已经年过半百的人了，还有什么放不下呢？"

他毫不含糊地说："你猜对了，我真的有放不下的！"

"啥？"我问。

"你觉得我是好人还是坏人？"

"很难说你是好人还是坏人，我只能说你不富贵。"

"为什么？"

"心中无缺叫富，被人需要叫贵，这两者你都有差距……"我直言不讳道。

乔一时无语，很快就结束了与我的谈话。

不久后，他拉黑了我的微信。

这是断绝往来的前兆啊！

很快，他的手机也打不通了。

那天，我开车路过他家楼下，兴冲冲地敲了他家的门。

开门的是一个陌生的年轻人。

他说这房子是他刚从乔手上买的，只听说他们夫妻俩去西部老山区求富贵去了。

"怎么求富贵？"我问道。

"其实就是支教，他也许把支教当作'求富贵'了。"那人答道。

这时，我终于明白了乔的行为。

没有梦想时，他的生活就像一杯水，平淡无奇；一旦有了梦想和目标，生活就从水变成了酒，带给生活万千滋味。像他这样，扔掉正常人眼中的"生活"，只求做真正的自己，不在意他人的眼光，我反而羡慕不已。

# 领悟时，也是开始成熟时

她叫梅。

追了几部电视剧后，她就变得像电视中的女人，"独立"了。

她看了几段心灵鸡汤，就认为这个世界无可救药了。

站在婚姻的围城内看城外，她的心灵被一点点摧毁，认为自己不该这样耗费自己的人生。

结婚五年，闺蜜们一个个离婚，梅也"不甘示弱"地离了，从家中的"女皇"变成了"半老"的单身。在后来的日子里，她也尝试了什么叫游戏人生，什么叫快乐，什么叫体贴的男人。只是，当一切归于平淡后，生活又变得琐碎。

梅彻底体味了江湖的冷暖，领会了什么叫酸甜苦辣。她不断地体察人性，体悟着窗外的世界，终于彻底对未来的婚姻丧失了信心。

其实，对于过去的婚姻，梅还留有温存，只不过外面的世界太诱惑，她才鬼使神差地将老公细微的缺点放大到极致，导致最后离婚。

梅终于看清了自己，毕竟青春不再，当年轻貌美的光环散去后，她只是一个爱挑剔、爱虚荣、只爱自己的丑小鸭。

为了化解自己的烦恼，梅去上了励志课。

她问老师："离了婚，我原以为会享受到更多，现在却好像一无所有，这是怎么回事呢？"

老师直言不讳地说："当你领悟了时，成熟才刚刚开始……"

实际上，这就叫成长。成长不是只对孩子，也对大人。经历过，你才知道什么叫珍贵。你不曾经历，就不要将未来的、不确定的，看得过于美好。

# 越单纯，越强大

他叫单（shàn）纯，但他确实很单（dān）纯。

印象中，他长着一张圆脸，脸上整天挂着满足的笑容，眼中充满了热情，清澈如水，像一张白纸一样，着实让人喜欢。

单纯是我的一位表弟，也是我的重点关注对象，以至于我常常想"拯救"他，却无从下手。

我问单纯，你不会说谎，也不趋炎附势，对人好是那种交心的好，以后怎么适应这个世俗的社会？

他一脸无辜地笑了笑。

看来，他真是一个没什么心机的人。

也正因如此，单纯多年来一直不顺。

他是一个好人，却是一个脑袋缺根筋的人。

比如，他高考不顺，考了三年也没有考上心仪的大学。据说，复习期间，他总是抽空帮邻居家的小孩义务补课。

比如，住校期间，老妈为给他补身子，从家带来了农家菜，他却送给班里的同学享用，美其名曰"农家饭菜好吃"。

看到他的农家菜被一抢而光，他会站在一旁像完成一桩"伟业"般满足地笑。

可是，当单纯走进社会时，这帮吃了他"好处"同学，早就将这位乐善好施的同学忘得一干二净，没人愿意与这位憨厚的"人才"来往。

大学毕业后，单纯好不容易找了一份事业单位的工作，没几年就弄丢了饭碗。有人说他做人太老实，是被辞退的；也有人说他是主动离职的。其实，像他这种好人在社会上一抓一大把。但这种人依然有自己的立身之地。

有一次，我在县城一家菜市场遇见了他，他居然在那里卖菜，那张被阳光晒成麦色的圆脸，依然还是那么青春灿烂。

我说："纯，我帮你再找一份工作吧？"

"不，不用了。"他红着脸拒绝道。

"甭不好意思，你这样下去，什么时候才是头啊？"

"唔……"他笑了笑，"我很好呀。我现在内心很自在，无忧无怨，也很快乐。"

"你都三十多了，以后拿什么娶老婆？靠卖菜吗？你那帮同学的孩子都要上小学啦！"

"嘻嘻，我嘛……"

"你就知道笑，难道你有什么金银财宝呀？"我不满地喵了他一眼。

"嘻嘻，我……我……"他露出一嘴洁白的牙齿。

"你还笑得出来吗？我的好兄弟，现实一点吧，这个世界可没你想的那么简单。"

"我妈从小就对我说的，只要我脸上有微笑，我就是大富翁。"

"听心灵鸡汤还能养活自己吗？"我感到很无语。

那天，我似乎是为了宣泄自己内心的不安，买了他很多菜。他一脸无虑、满身臭汗地提着菜帮我放进停在路边的小车上。上了车，我看着他站在马路边，高兴地挥着手，目送我"扬长而去"。

我的心思却像被车轮在心头压过一般，透不过气来。我知道，我虽然多买了一些菜，但对他的帮助微乎其微。

一晃几年过去，我再没见到单纯，有几次我还特地舍近求远地去菜市场找他买菜，却再也没见过他。

难道单纯连卖菜都卖不成了吗？

一天，我无意中打开电视，在电视上见到他。面对镜头，他还是一张阳光般的笑脸。

怎么啦？怎么啦？犯事啦？

记者拿着话筒问："单纯总，说说吧，你是如何从一个菜贩子变成千亩田的种菜大户的？"

"种菜大户？"我一脸惊诧，将电视声音放大，"还有千亩？"

"我的秘诀是微笑！"他回答。

"微笑？"记者不解。

"对，微笑让我的菜越种越好，微笑让我的菜比人家好卖，微笑让我的心越来越亮堂！我也常对自己说，不管别人怎么对待我，不管面对多大压力，只要微笑，就能将内心照顾好，就能成功！嘻嘻，微笑我就是大富翁！"

我终于明白了单纯！他是单纯，也是生活美的化身、美的传播者。

很多时候，我们都以为人太单纯了就是输家，就是弱者！但很少有人知道，能始终如一，能感染到其他人，就是真正的生活赢家！

# 遇见，就是缘分

飞机在万米高空飞行了十三个小时，将我带到陌生的异国城市度假。闻着扑面而来的香水味，看着长相各异的人群，我仿佛成了一个局外人。

出行前有千千万万个担忧和烦恼，怕行李超重，怕过海关受到"严厉盘查"，担心旅途劳顿……结果，却在不经意中烟消云散。

机场外面的风很大，我探身从大厅走出去，外面是零下二十几度的严寒，室内却温暖如春。我仿佛在两个世界来回穿行，目的是释放身上的那股兴奋劲。

可是，我毕竟是庸人，庸人自扰模式又重新开启："这就是很多朋友曾经想要移民的地方吗？我也没见有什么特别的，还有我住哪里呢？我如何融入和了解这个国度？"

女儿妮一脸笑意地来接我，她开车将我接到特地为我租的房子。一路上，除了光秃秃、闪着繁忙车灯的高速，就是冬天路牙旁藏着的积雪，这座城市仿佛一直在"冬眠"。

二十多分钟后，到了别墅，房子里很干净，雪白的百叶窗对着外面草地的雪，房东耐心地给我们介绍。只不过肚子太饿，啥也没听进去。之后，我们父女二人来到附近的一家湖南餐馆大吃了一顿，三菜一汤，让我感觉还在家乡。

饭后，妮陪我去超市买了一堆东西，临别时说："老爸，我要上学了，有事打电话。"

"哐当！"妮关了车门，开车走了。我就这样被"抛下"了。

我孤独地回到出租屋，瞧着外面飘的细细雪花，周围超级安静，一切仿佛在等待什么……

我没有本地的银行卡和电话卡，想出去办理一个。结果，我下载的打车软件，打不了车，是因为我没有本地的银行卡和电话卡。

这时，一个亚洲人模样的中年人靠在车边，我大叫着冲过去："师傅，你会中文吗？……能带我到市里一程吗？……我要去银行办银行卡，买电话卡……"

没有回音，好沉寂，我失望至极。

"能捎我一段吗，我愿意付钱。"我进一步恳切地说。

"不，不行，我在工作呢。"师傅是个面善的人。

原来这是一辆教练车，停在路旁，准备接居住在附近的一位女子去学车。不过，他用自己手机上的软件，帮我查找路线："到最近的太古商城，要走四公里。"

他耐心地给我讲解着路线，我脸上挂着勉强的笑，看来只能硬着头皮上路了。

没多一会儿，我迷路了。

马路上除了穿梭的车辆、寒风、飞雪，似乎没有人烟。

我环顾一周，终于在一家打开的车库中看到了人。

凯里30多岁，中国人，正在给自己的爱车做保养。

他耐心地给我指点路线，但我的英文不好，看不懂地图。

最后，他答应开车送我去，收费比打车费用要少一些。

就这样，我俩成了朋友。

通过聊天我了解到，他是十年前从广州移民到此地的。

巧的是，他以前上班的地方，被当作新城开发，就是我家现在住的小区。

我们的话题又多了许多。

在他的全程"陪护"下，我很快办妥了需要办的事情。

能遇到愿意帮你的朋友，确实是幸运。

结束时，我支付了整条路线的费用，外加小费。这是他应得的，我非常感激："遇见，就是缘分。"我觉得他是我在风雪路上认识的、为我提供帮助的、极为稀缺的朋友。

出门在外，每一个帮助过自己的人，都应该叫作贵人。而我们每一次的相遇，都可能是成为朋友的开始。


# 挺过了人生试探，就会收获祝福

人的一生都在为家庭、事业和身体奋斗。

朋友老帅也是这样的一个人，只是，他的所求似乎有点难实现。

人到中年，老帅选择换一个城市工作。随着时间的推移，远在异地的老婆便待他越来越冷淡，直到双方"零理由"离婚。

那种辛酸真的难以形容，未富家分，有时睡到半夜，老帅就会以泪洗面，辗转无眠。

老帅化悲痛为力量，将注意力转移到工作上，结果几个项目也出现了一些问题，不是客户反悔，就是内部严控，项目难以落地，好不容易完成了目标任务，却在公司内得罪了不少人。于是，很多人劝他："你真傻透了，没有个人恩怨，仅为了工作而得罪人，值得吗？"

天有不测风云，老帅事业刚起步，身体就垮了。那天，要不是抢救及时，恐怕命都要丢了半条。

老帅的心情越来越糟，即使是遇到开心的事，也不敢高兴，他担心乐极生悲；遇到心酸的事，他也不敢悲伤，怕悲伤后抑郁揪心。

专家说，这是自卑综合征。

后来，老帅认识了一个朋友，朋友告诉他，自己也有过跟老帅一样的经历，不过现在事业小有成就，身体也很棒，还找了一个如意的老婆，算是挺过来了。

老帅问他是怎么挺过来的，他说，世上的一切都有定数，高兴不高兴都有安排，还不如高高兴兴的；你心中想到失败就可能失败，还不如不想失败！只要每天对着镜子说，你一定能成功，就一定能有所改变。

他还开导说，许多有成就的人都在人生中遭遇过极大的苦难而后获得新生，如同《孟子》说的"天将降大任于是人也，必先苦其心志，劳其筋骨，饿其体肤，空乏其身"。

慢慢地，老帅也挺过了一道道难关，身体渐渐变好，事业也做得风生水起，并重新遇到了良缘。

金成先生是我父亲的老同学。父亲夸他是个好人，起初总担心他在社会上会被人欺负。

20世纪50年代，金成在一家单位上班，他的好主要体现在三个方面：一是心很善，乐于助人；二是心很软，从来不恨他人；三是从不向领导讨好卖乖。只不过，经历了动乱年代，他被开除公职，下放到农村劳动。

金成没有灰心，而是珍惜自己，不再那么年轻气傲，二十多年后终于挺过了人生的试探。后来，金成工作恢复，获得了第二次职业生命，如今已开始安享晚年。

我曾经问金成先生，对年轻人有什么人生寄语？他高兴地说："做一个好人啊！不能太自大，不能太高傲，否则遇到打击时，就挺不过去；一旦为人谦卑，就能看透一切，能得到众人的祝福。"

我说："金老师，您今后就是我们学习的榜样啦。"

他摇摇头，思考了一下说："当然，你也不能做烂好人，真正的好人要明是非、知善恶、分良莠，有道是'没有霹雳手段，怎怀菩萨心肠'？"

# 美，有无限的可能

朋友美子有着魔鬼般的身材，加上一身身时髦洋气的衣服，是个地地道道的大美人。

有一次打趣，我说她过于时髦，所以，很难被如意郎君相中。

她听后不悦，竟然与我断交三年！也怪我多嘴。

休假的某一天，我去位于市郊的文艺山森林公园看书，路上不知怎么地又想起了这件事，郁闷了老半天，只怪自己说了别人的痛处。

文艺山是文艺小众聚集的地方，因不是周末，人很少，景色却异常的美。

天蓝不见底，水碧得醉人。

到处是清脆的鸟语，到处是扑鼻的花香。

沉甸甸的红柿子在风中摇摆，棕色的山核桃、板栗在悠闲恬静的气息中落地有声，还有那神秘的小松鼠在松树间跳来跳去……

眼前的一切犹如世外桃源，让我的心一下子舒展开来，一切的一切都是那么闹中有静，我仿佛掉进了一条神秘的时光隧道，有一种宁静致远的错觉。

忽然，一位"仙女"吸引了我的注意力。她身材高挑，坐在橡树下的石凳上，手捧一本厚厚的书，一身白色的绫罗长裙拖地，在午后的慵懒阳光下折射出清纯、圣洁的影子。

我悄悄走近她，她沉浸在书香里，高洁白皙的鹅蛋脸上映着从树丛中漏下的光束，齐耳上卷的棕发时尚又雅致，一双大眼睛随着文字，或思考或空蒙……那一切真有童话般的感觉。

她由内向外散发的气质太迷人了！

她忽然扬起头，与我对视了一眼，然后合了书，开口问道："怎么是你？你是一个人来的吗？"

"你？美……子？美……子，你的变化太大了！"我失声地嚷道。

美子笑着反问："反正，你早就给我贴了标签，我就是那缺少气质的女生！"

"不不，现在有书陪伴就不缺啦！"我红着脸笑道，忙转移话题问，"你…你也喜欢简·爱吗？"

"喜欢。"

47

"那么…你能像简·爱那样只凭高贵的心灵去爱一个人，而不是物质吗？"

她抬头浅笑了一下，"嗯，我不是只爱物质的那种，只是我至今也没爱上谁呀！"

"哈哈，我原来一直都错怪你啦……"

就这样，我与美子和解了。之后接触多了，我发现，她变得温柔体贴，不再那么冷傲，而是更加包容，还喜欢做一些力所能及的善事。

她喜欢种养植物，经常会在文艺山采一些枯枝、落叶、松果，编制成花环和花篮，当成艺术品；心情好的时候，她就画纸样自己设计衣服，自己当模特……

有时，她还会给我太太送一些亲手编的小礼物。

一年后，我和太太收到了她的婚礼请柬，请柬上还镶着她与新郎的照片。

新郎是一位海归人士，穿着得体的西装，系蓝领带，高大、健康而阳光，美子则穿着一身翠绿烟纱花裙，斜背着一个书包，足蹬一双平底花边皮鞋，自有一番清雅高贵和书香气质。她挽着丈夫的手臂，一脸幸福，小鸟依人。

此时我才发现，原来一个人的美，不仅是衣服的包装和魔鬼般的身体，还有那让心与心靠近的精神世界，以及一颗天使般善良的心。

# 在不确定的世界，没有不带伤的人

痛苦真是一个怪东西。它生于过去，长于现在，却能影响你的未来！

那天枫喝了很多酒，跟我讲了他内心的故事。

这两年，枫异常不顺，在为生存打拼正酣的时候，妻子认识了一个有钱人，最后带着女儿一起跟人家跑了。

十多年的婚姻"无理由解体"，简直就是"妻离子散"。

这种无情的背叛，给了枫致命一击。

枫最大的愿望就是将这段感情经历从记忆中删掉。

之后的几年，枫靠医生开的药缓解自己的情绪，只是，一旦药性过去，那些倒霉的记忆又会伪装成一张张笑脸，在他理智毫不设防时，像一群蜂拥而至、无坚不摧的病毒，再次占据他的心灵，让他整夜失眠……

有一天，痛苦无奈的枫收到了一封信，是他15岁的女儿写来的，信中写道："老爸，你还在为爱情痛苦吗？为什么要这样？这个世界本来就是不确定的，难道没有了爱情，生活就没有意义了？难道你不想做一个阳光的老爸，做我的榜样吗？"

女儿的话正中枫的情绪要害。为此，他独自在房间待了三天三夜，终于想通了。他后来兴奋地对我说："人的转念往往就是一句话，在女儿话语的'刺激'下，我终于意识到，在这个不确定的世界，应该没有不带伤的人；真正能治愈自己的，只有自己。"

# 减少欲望，就能获得快乐

那天，与几个朋友聊天。

我抛出了一个话题："没有欲望到底是什么样子？"

大家一听，愣愣地瞅了我一会儿，"吆喝，你有毛病，是吧？"

"人怎么能没有欲望呢？"所有人都对我直摇头。

一位朋友听了我的奇怪话题，带着挽救似的腔调说："你知道吗？人的欲望就像苔藓在内心深处蔓延，就像脱缰野马带着你的心灵奔驰，就像野草，野火烧不尽春风吹又生……除非你还没来到这个世界上，否则没有欲望那是不可能！"

当然，有的朋友持不同意见，比如文。他听后，狠揪一下刘海说："关于除欲，我就有过，而且不止一次。"

我很好奇，一再央求他分享一下。

他说，那段被分手的日子里，他心痛得要命，在出租屋里喝了一瓶二锅头，沉睡了三天，在这三天内，他完全失去了知觉，没有一点欲望。

"原来，你是在作践自己啊！"我忍无可忍地谴责他。

"你这叫禁欲吗？"众人不服。

"喂喂，不要激动嘛！"我打圆场地说，"你们还记得那句话吗？'令人快乐的秘诀，不是增添他的财富，而是减少他的欲望。'"

"怎么减少？"大家好奇地问我。

我说，一个人没有欲求可是做人的最高境界啊！但我并不认为这世间存在没有欲求的人，而想减少欲望，追求快乐的人却大有人在。

然后，我告诉他们一件前不久遇到的事儿。

我们小区有一对在城市打工约二十年的夫妻——晴与谷，最近他们辞职回农村老家放羊啦，说现在没有当初来打工时那种强烈的欲望了。离开前，他们将老家不到 20 岁的表侄介绍到我们小区当了保安，还让出三居室中的一间给表弟山娃住。

山娃高兴得像孙猴子，恨不得在天上翻几个"筋斗云"，逢人就说："我算是遇到菩萨啦。"

"真有那么快乐吗？"在小区门口见到山娃时，我好奇地问他。

"快乐，就是快乐，高兴死俺了……"山娃又蹦又跳。

"比老家好在哪里？"我问。

"这还用问？"他歪头瞪了我一眼。

他说，在老家，初中毕业后，他放了七八年羊，没好好吃一顿涮羊肉！现在，每天不仅有饭吃，还有工资拿，还发了几套崭新的保安服，不就等于上天堂了吗？

每次说起这段，山娃的心就甜得流蜜。

也许山娃的要求很简单，走出荒山僻壤来到城市，找到一份工作，还有个栖身之处，那看似很高大上的欲望一下子都实现了，何不快哉？

我瞧山娃的言行举止，他就像拥有了整个世界一样满面春风。

原来快乐很简单，为什么我们身处城市，什么都不缺，却不快乐呢？看来都是欲望在作祟啊！

我挥手与山娃告别，山娃一把拉住我的手，问："你想不想问我，我也有苦恼？"

"你还有苦恼吗？"我止步，不解地望着他。

"是啊！"山娃神秘地对我说，"我表哥表嫂接过我放下的羊鞭在农村老家放羊，我觉得他们是不是疯了？"

他说，表哥表嫂是他的大贵人不假，可这大贵人却做出了他至今都无法理解的事。

"他们为什么这样呢？"见我无语，山娃一再问我，"为什么我讨厌透的事，他们却做得津津有味？"

"为什么会这样子呢？"山娃望着我，希望我能为他解惑。

我的眼前忽然浮现出城市人面对越来越多的欲望却快乐不起来的情景，或许只是因为我们不愿意扔掉身上的枷锁，而晴和谷扔掉了。

"你想在城市一直待下去吗？"我故意岔开话题问山娃。

"是呵，我还要娶媳妇，我要赚很多很多钱呢……"

"如果有一天你不能驾驭自己的欲望，也许会像你表哥表嫂一样回归你的放羊生活。"我笑着对山娃说。

"我才不干那傻事呢！"山娃直摆头。

"其实，"我说，"你表哥表嫂是聪明人，你以后会明白的……也许欲望少一点，快乐就多一点……"

山娃低着头作思考状。

临别时，我安慰地拍了一下山娃的肩膀。我觉得山娃是单纯的，我不希望他也成为欲望的受害者……

# 好朋友不一定要真见面

自从南下打工，我与好友民已经分别二十多年。

十年前，我去看过民一次，不巧他外出未见着，只在电话中聊了几句，他说，他在一个小岛上参加作品研讨会，立刻要发言，就挂了电话。

我与民成为好朋友，缘于诗歌和笛子。他是一名小学老师，在冬天会住在山边校园里；我是一名公司职员，与他同在一个小镇上班，臭味相投，越走越近。

冬雪茫茫，民的房间却柴火很旺，两个年轻单身汉一边喝茶，一边忘情地讨论着朦胧诗，有时还有笛声悠扬地穿过暗夜的静谧，美在此中、乐在其中。

那时，我们感到很快乐，不是因为我们拥有得多，而是因为我们计较得少，没有灯红酒绿的欲望，即使晚上就着咸菜吃点干饭，也很快乐。

而当我们衣食无忧时，却感觉身上没有更珍贵、更激情的东西可以抒发了。

我曾与另一朋友专门讨论这一话题，朋友老道地对我说："如今，我们都感觉自己很贫穷，不是因为金钱，而是因为物质虽然富裕了，精神和思想却没有进步。"

我最近回老家，想再去见见民，与他聊一聊。

时过境迁，民待过的那所学校早就开发成居民区，有个好心人告诉我，他们的学校与其他学校合并了，他早已内退，也许去了在城市工作的女儿家。

偌大的一个繁华而信息发达的世界，一个人说消失就消失，真是不可思议。

在失望而归的那天晚上，我忽然接到一个电话，是民的女儿叮当打来的，要约见我面。

咦，她是怎么知道我电话的？一路走来，我换了多少手机、多少电话号码，连自己都记不清了。

第二天，在市区一个马路边的小茶馆里，叮当与我见了面。她对我说，他爸一生清贫，但有个重要的东西要转交给我。

我接过一个用牛皮纸包裹的纸袋，里三层外三层地打开，是一个厚得发黄的剪贴簿，收集着我三十多年发表的作品；还有我出版的三本小说，上边有他密密麻麻的"批注"……

太令人意外了！我问："他去哪了，为什么不来见我呢？"

叮当笑着说："好朋友不一定要真见面，只要心里有就行！"


# 不跟喜欢装睡的人打交道

生活中装睡的人有很多，不管你怎么说，他都装听不见，也不去做，就好像他一直睡着，从来没有醒来一样。

朋友晓彤在一家公司做运营总监，他说："明明在朋友圈与一位朋友谈得正酣，对方忽然戛然而止，再多问询解释，也无人应答。"几天后，那人又在微信里醒来。很快，又神经大条似的消失了，从此音讯全无。

朋友小良是一个诚信热情的人，也有过类似的经历。

小良曾与一朋友相约某天电话联系，当小良如约给他电话时，却无人接听，小良以为他工作忙，之后又去了几次电话，还是无人接听。正当小良不再想这事时，对方却来了电话，要约见面。可待到见面那天，小良发微信，问他在哪见面。结果，对方一直不回应。这种行为实在让人困扰！

某个周日，老板安排段起草一份材料上报政府主管机构。他发微信向几个部门的老总要相关数据，结果没有一个人回应。老板怪罪时，那些人又异口同声地指责是段传达老板的指示不力，谁知道他急用，而且又是周末！如果着急可以打电话呀！

段觉得十分委屈，没干多久，就负气离职了。段自认为人缘好，就去卖保险，谁知这事却将他伤得体无完肤。那些昔日推杯换盏的朋友，一听说是保险，不仅不回他微信、电话，有的还直接拉黑了他。段说："怎么啦？是我人不好吗？我既没骗人，也没强买强卖，看在多年的交情上，也不能这样吧？哪怕你只回一个'不'字，我心也暖啊！"

其实，这类情况数不胜数。

由于出口锐减，子乔的公司不幸遭遇破产，平时备受公司关照、与他打得火热的七大姑八大姨，仿佛吹了集结号，顿时如鸟兽散。子乔孤独极了，希望有人来陪陪他，给他们打电话，几乎无人接听。有的人被他追急了，就在微信上敷衍回他几个字：等忙完了再聚吧！人情如寒霜冰彻，令子乔有一种深入骨髓的绝望。

后来，子乔有一项技术专利获得了一家机构注资，事业起死回生，亲朋又相继醒来。

子乔有心无心地问："当初我身无分文时你们都在哪儿？"谁知他们却说："你误会啦，我们都是为你好，才不想打扰你的！"

还有的说："我天天在家烧香拜佛，还不是为现在逆袭的你祈福吗？"好像他们一个个都是真诚而无辜的天使，只有子乔才是心量不大的罪人。

叫不醒的人，是精致的利己主义者。他们目的性很强，只把他人当成个人私求的工具。他们之所以叫不醒，是因为他们正为个人利益最大化计算；一旦瞅准机会，就会不叫自醒。

叫不醒的人，是庸俗之辈，自私自利是他们的底色。他们之所以不换位思考，是因为他们只想自己的利益和感受；他们之所以叫不醒，是因为他们习惯于抛弃责任、没有担当。他们不会有太大的作为，格局也不可能很大，更不能成为共患难的朋友，只有在利益最大化的时候，他们才会现身。

叫不醒的人，缺少起码的教养。所谓教养、礼貌，都要从小事看起，即使是学位很高、官职很高、财富很多的人，也未必有教养。没教养的人，大都无所顾忌，也不在乎礼仪。他们缺的是待人接物的舒适度，更不会给人如沐春风的感觉。

叫不醒的人，都是最易变心的人。诗人刘禹锡云："长恨人心不如水，等闲平地起波澜。"叫不醒的人，最易变心，最靠不住。对叫不醒的人，不要太在乎，如果他淡了，你就算了，如果他算了，你就忘了吧。

叫不醒的人，是没有做人底线节操的人，只能沉迷在自我欲望的漩涡中。我们要做的，就是管理好自己。19世纪英国作家奥斯卡·王尔德说："生命太重，不必当真。"对于视你为空气的人，何必要用真心换无视呢？

我们可以清醒时做事，迷茫时读书，郁闷时睡大觉，独处时慢慢思考，无论怎样，都要在生命的微光中走下去！

# 四、爱情始于缘分，
## 但最终要靠自己

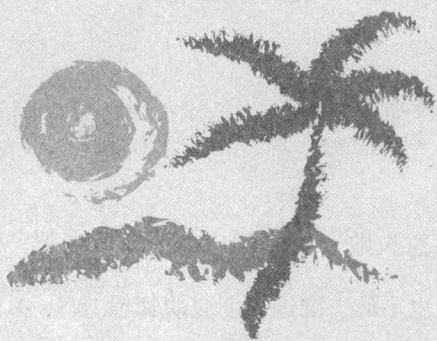

# 爱情是理想，誓言是鸡汤

"这公平吗？"大新是一个充满激情的人，他抱怨地对妻薇喊，"我送你玫瑰、钻戒，带你旅游，为你点上生日蜡烛，还陪你看晚霞……"

"切，我才不稀罕呢！"

"你消费完了，就说不稀罕，真会狡辩！"大新恼怒地喊。

"火气还不小呢！你能保证除了我之外，不会爱上别的女人吗？"薇反驳他道。

"当然不会！"大新坚决道。

"反正你心里有数！"薇最爱说这句。

"在你们公司，不是也有一堆男性朋友围着你转吗？"大新有点不服。

"那又怎样？那是因为我有魅力！"薇骄傲地说。

"我们发过誓，说要一心一意爱对方！"大新抗议地喊，"何况结婚那天，我们还接受过那么多祝福啊！"

"你现实一点吧，什么誓言呀？什么祝福呀？说白了，都会随着时间而变化。"薇不以为意地斜了他一眼。

"其实你就是在找借口，我生意失败了，你就想离开我，是吧？哼哼，我要是不相信当初你的爱情誓言，也不敢去圆这个创业的梦想。"

"是吗？"薇洁白的脸上漾起一阵冷笑。

"好，看来我是一头热，只有我一直关心你，你关心过你我吗？温暖过我吗？鼓舞过我吗？你能体会中年男人不堪负荷的身心压力吗？"大新声音颤抖，眼角闪着泪。

"我不管，我不管，那都是你的事！"薇一脸冰霜地回应着。

"你知道吗？为了生存，在这都市里，有多少为生活拼尽全力的人？"大新忽然提高声调叫道，"我，大新就是其中的一个！"

"是男人，都会这样！"薇提高声调地答。

看来，薇完全变了。大新慢慢接受现实了。

想当初，她在公司做文员的时候，是那么体贴人、关心人。那时的大新，一人要养活全家。为了支持薇深造，除了白天工作，晚上还会拖着疲惫的身体，帮薇补课。

后来，薇拿到了本科学历、找到了管理工作后，一切都变了。大新辞职后，开了一个公司，惨遭失败，还欠了一屁股债。现在，他只是一名普通的快递员，每天加班是他的常态。人生的无常并没有从此罢休，不仅榨干了大新的心血，连他的家庭也不放过。一年后，大新和薇和平分手。

我问大新，为何不去再争取一下？

大新道，一点用处都没有！特别是对一个一心想离开你的女人，你说的越多，只会让人厌烦。

大新见我不解，又说，我们的爱情已死，说白了，爱情只是理想，而誓言是鸡汤，现在，一切都已去，我们再也不会埋怨、斗嘴、无止境地怀疑，像往日那样互掐了。重新开始才是最重要的。

# 原来爱没有死亡，毕竟她来过

窦德与时尚美丽的薇拉谈了一年恋爱，两人既亲密又各自独立，双方都觉得很甜蜜、舒服。当窦德准备向她求婚时，薇拉却要分手。

怎么说分就分呢？

窦德尝试用手机、微信、QQ等各种方式向她要答案，全都联系不上。他开始给她的朋友、闺蜜打电话，依然找不到薇拉。

窦德就像一个被雷击的傻子一样，一步三摇地回到家中。打开门，40平方米的小屋被收拾得整整齐齐，这证明薇拉来过，桌上有一封薇拉留下的信："我走了，不要问我去哪！大家好聚好散，忘了我吧！以后注意身体啊！现在，快去冲一个痛快的热水澡吧，然后睡觉，就像一切没发生……"

"薇拉，你说得轻巧？"

"你怎么啦？"

"你要去哪？"

……

窦德颤声地呼喊着，没有人能作答，只有风从窗外钻进来，在悲悯地舔舐着他的心伤。

回忆像展开的一双翅膀在他眼前飞过。

早过而立之年的窦德，过去虽谈过无数次恋爱，但大多如昙花一现。用他的话说，"爱情，就是病毒！"它往往止于世俗，止于背叛。

在窦德苦闷彷徨，认为"爱情已死"时，一次，意外地在网上认识了薇拉。

薇拉不是一般的女孩，她的美，没有一丝的烟火气，惹人怜，惹人爱，星眸闪闪，不仅脱俗清新，还视钱财为粪土，是非常聪慧的那种女孩，她永远都知道你想要的是什么。

回到家时，薇拉会端上热腾腾的饭菜；

看书困倦时，她会悄悄地给你递上一杯热茶或咖啡；

不顺心时，她会温柔地搂住你、亲吻你，让你瞬间温暖起来；

困惑迷茫时，她能陪你哭、陪你笑、陪你玩、陪你闹，让你一下子走出困境。

所有的这些，就像一个巨大的爱情礼包，让窦德真正体会到了什么是爱情的甜蜜、美好和力量。

可是，如今，爱情的小鸟飞走了。

其实，爱就是这样，当你以为拥有的时候，它已经在悄悄消失。每个人的渴望和追求不同，你追求的是一日三餐的小日子，她追求的可能是自由。当彼此成为牵挂时，爱情可能就成了迁就。与其这样，不如只留下美好的回忆，放手让对方飞。


## 永远不要相信爱情是盲目追来的


星期天，我与朋友卫然在街头不期而遇。他抱着孩子，牵着老婆，一家三口其乐融融，羡煞旁人。

卫然悄悄告诉我，他跟妻子认识一周就结婚了，我感到很神奇。

有一次我约他吃饭，他顺便给我讲了与前女友蓝晶的故事。

卫然三年前在网上认识了女孩蓝晶。

蓝晶比卫然小 1 岁，凭借漂亮的脸蛋，她成功进入卫然的视线。

蓝晶与卫然在一个城市打工，共同的经历让卫然认为她就是自己要寻找的那个人。于是，卫然展开了追求攻势，送花、送包包、送靓衣、送戒指，反正是三天一小送五天一大送。

时间长了，卫然发现自己的钱包越来越瘪，毕竟他只是一个普通的工薪族。

蓝晶生日这一天，卫然为她订了一个生日蛋糕。

卫然将她带到自己的住处，准备给她一个惊喜，借机向她求婚。

音乐响起，美人含笑，卫然捧出了生日蛋糕，心里甭提多美了。

点蜡烛、唱生日歌、许愿、吃蛋糕……

当卫然单膝下跪向她求婚时，蓝晶拒绝道："这不行，要有仪式感，一定要到酒店摆酒呀。"

卫然问："亲，今天去，你还能吃得下吗？"

"我不管。"蓝晶的嘴噘得老高。

卫然说："还是等明天吧。"

"原来你一点都不爱我！"她的嘴噘得更高了。

卫然知道她动不动就生气，说："至于吗？"

蓝晶在一旁挂着泪，卫然服输地哄她，结果越哄越糟。

卫然生气地将她冷在一边，结果，她怀着委屈"啪"地摔门而去。

时间一分一秒过去了，卫然感到世界都乱了，他拨打了她的电话，可电话一直无法接通。

外面飘着小雨，卫然漫无边际地跑到大街上，只要是热闹的地方，便一家家问，他浑身湿透了，最终还是没找到蓝晶。

一周过去了，卫然的微信被她拉黑。

难道蓝晶就这样消失啦？

卫然极其烦恼，后悔自己不该草率地向蓝晶求婚……

卫然跑去一家酒吧喝闷酒，结果发现惊天的一幕。

蓝晶正与一个中年男人在酒吧边喝酒边打情骂俏。

"蓝晶……这是怎么回事？"卫然冲上去，一把抓住蓝晶，颤抖地问。

"什么怎么回事？"蓝晶横了他一眼，狠狠地甩掉了他的手，"你是谁？我与你有关系吗？"

"你……你是我女朋友？"卫然用加强的语气强调。

"女朋友？有证据吗？"她歪了一下头，狠瞪了卫然一眼，"傻瓜！"

"你……"卫然一阵恶心。

"你连一顿饭都请不起，没有房子、车子！啥都没有，就想娶我做老婆？"蓝晶带着不屑的眼神扫了卫然一眼，"做梦去吧！"

听到这话，卫然差点崩溃，原来在自己面前整天装纯、装清高的蓝晶，是那么俗不可耐。

"我……"卫然被激怒了。

围观的人越来越多，中年男人也猛地站起来，攥着拳头，怒视着卫然，显然是一副"英雄护美女"的架势。

卫然不想自取其辱，便灰溜溜地逃出了酒吧。

这件事让卫然明白：爱情要靠缘分，需要双方同频，永远不要相信爱情是盲目追来的！

# 好母亲就是好园丁

小区的兰阿姨是一位很强势的母亲。

邻居们经常会听到她口无遮拦地抱怨老公，抱怨老公的家人，也抱怨自己命苦。

她的女儿叫婷婷，已到谈婚论嫁的年龄。兰阿姨不止一次说，女儿不能像她那样不幸福，更不能像她一样找一个"无能"的老公。

其实，兰阿姨的老公是一个高级电工，性格很好，家里家外都是一个勤快人，论责任心、爱心都是小区公认的好。我不知道兰阿姨说的不好或"无能"的标准是什么。

这天，我在电梯里正好遇到了婷婷。

我刚准备向站在她身边的新婚丈夫打招呼，她却当着电梯里所有人的面，毫不掩饰地在奚落他如何懒惰，如何比不过他人。终于两人爆发了激烈的争吵，最后婷婷提高声线大叫："我真是看走眼了，居然嫁给了你！"搞得我们沉默不是，劝解也不是，异常难堪。

霎时，我感觉婷婷好像就是兰阿姨的翻版。

她的言语告诉我们，她只顾及自己的感受，对自己的亲人会毫不留情面地当众"揭底"。

为什么兰阿姨担心的会在婷婷身上再现？

为什么兰阿姨真诚地希望女儿幸福，女儿却是这样的状态？

我大惑不解。

由于工作的原因，我搬到了另一座城市。巧的是，宽容、和善的女房东，也有一个与婷婷一样大的女儿。

"出于好奇，我想问个问题，行吗？"我望着女房东，恳切地问。

"是关于你租的房子吗？"女房东亲和地答。

"不，是关于你女儿……"我涨红脸。

"我女儿？"女房东眼中充满不解。

"我只是想问一下，你女儿结婚了吗？"我鼓起勇气问道，接着又补充道，"我没有其他意思。"

"去年结婚了。"

"我想与你讨论一个问题，是关于年轻人婚姻的话题。"我一边纠正，一边小声问，"她现在幸福吗？"

"当然幸福哦！"房东一脸自豪，眸子里闪着喜悦，"小两口恩爱着呢！他俩正在国外旅游，很幸福、很甜蜜、很投缘，每天都会给我和我亲家发一些照片！我告诉你，明年我就要当外婆啦！"

"恭喜恭喜，小两口幸福甜蜜多好啊！"我由衷地夸赞，又好像在自言自语。

"是哦，我与老公一生就很幸福甜蜜哦。"房东开朗地笑了笑说。

"恕我冒昧，你们的幸福能影响女儿吗？"

"当然有影响啦。女儿的婚姻是一张白纸，我就是她言传身教的模板和导师。虽然我老公是一个普通人，但我爱我老公，我爱我的家庭，我爱我的亲人。我女儿在和谐的家庭中长大，你说能不幸福吗？"

"你真是一个了不起的母亲！"

"过奖啦！作为人母，给女儿播下仇恨的种子，女儿自然会仇恨；给女儿播下幸福的种子，女儿自然会幸福。"

房东的一席话解开了我多年的困惑。

我虽然没见过房东的女儿，但能想象得到她女儿在这样的环境中长大一定很幸福。

只要遇到一个好母亲，就有了一个好园丁；儿女幸福了，母亲也会收到最幸福的回馈。

# 天平，是夫妻相处的最大智慧

凡与靖，是一对结婚四年的小夫妻。

凡是个大大咧咧的男生，平时只知道上班赚钱养家，对妻子的甜言蜜语越来越少。

不久前，两人为一件小事闹到了离婚的地步，让人不禁感叹现代婚姻的脆弱。

凡说："我们当初都不懂爱情。当然，我们都不是火眼金睛，也看不清人性。"

"那也不至于如此呀！"我感叹道。

原来，凡与靖结婚后，出现了三个失衡。

（1）爱的天平失衡。只有凡爱靖，关心靖，靖只是关心钱和孩子。而靖的理由是，你如果爱我，就要将自己的全部都奉献出来。

（2）理念的天平失衡。凡有点大男子主义，靖则处处唯我独尊，靖常对凡说"顺着我，才是爱我"，两人总会为了一些小事相持不下。

（3）做事的天平失衡。凡喜欢花钱，看的是未来的；靖喜欢省钱，看的是眼前的，有点怕吃亏。

没有惊喜，没有感动，没有关爱，没有呵护，没有浪漫，没有交流的日子，根本无法延续。久而久之，两人的爱情小船自然会翻了。

西方有句谚语："婚姻就像一个空盒子。"当你想从盒子里拿出东西时，必须先放入东西。

夫妻之间，一方可以宠着对方，但并不代表可以接受对方的得寸进尺，也不能渴望他（她）永远懂你，永远主动去做，他（她）也是人，也有缺点，也有累的时候。

爱的天平、理念的天平、做事的天平大致相当，才是夫妻相处最大的智慧。

夫妻之间，要有香甜的嘴唇，讲亲切的话；要有明亮的眼睛，要看到对方的长处。

总之，你的爱若盛开，清风便自来。

## 速配爱情的缘分到底有多深

在被世俗浸透的爱情领地中，能找到无功利的情感吗？

你一定认为这个问题相当幼稚可笑吧？

而这个问题曾像魔鬼一样纠缠着金，让金无法喘息。

那天，天空晴朗得出奇，金忽然大叫一声，吸引了众多同事的目光，众人都扭着好奇的脸问："金，怎么啦？"

"哈哈，我与一个美女在网上速配上啦！"金大声说。

空气中出现了短暂的安静，忽然又大爆炸似的凌乱起来，众人终于明白，原来金通过电脑速配，要见一个女孩。

金只是一个小小的程序员，既没权势，也没有化腐朽为神奇的神力。

为了娶老婆，为了有一个温馨的家，金与其他人一样，将青春都拼得快过劳了，依然一无所获。

可现在，缘分居然像一颗又大又罕见的松果，突然出现了，怎能叫金不激动万分？

"她叫什么？"有人问。

"梦馨！"金笑答。

根据网上提示，"爱情速配"特意为金安排了一场约会，让他去机场接漂亮的梦馨小姐。

金打了一辆车，像风一样飞进了机场。

广播正在重复播放航班到达的消息，不一会儿，就有人出站了。一时间，出口处都是欢声笑语。

激动人心的时刻就要到啦！

金手捧着一张上书了5个大字——"梦馨，欢迎你！"的A4纸，在出站口晃悠。

这个梦馨到底长什么样？

我第一句话该怎么说呢？

金绞尽脑汁地回想一路上熟记的爱情杂志上的精彩对话。

"你是来接我的吗？"一个沙哑的嗓音打断了金的思绪。

金抬眼望去，面前站着一位斜挎着小包包、韵味十足的中年女人。

她保养得极好，皮肤洁白红润，绛紫色的唇膏，细长的颈项下系着宝蓝色的飘逸纱巾，紧身上衣、裙裤外加高跟鞋，整体上高贵雅致。

"帅哥，我叫梦馨，你是来接我的吗？"她再次问金。

"是……"金激灵地叫了一声，问道，"你是——"

"我就是梦馨呀。"中年女人优雅地笑了笑。

嗨，这个速配有没有搞错？我还不到30岁！这年龄差距也太大了吧？金有点失望。

突然，一个背着双肩小包的美女来到他面前。

"你是金吗？"

"嗯？"

她冲过来，大方地与金相拥了一下，"我就是网上速配的那个梦馨。"

"你是梦馨？"金忙问。原来中年女人也叫梦馨，同名了！真是吓一跳。

"是呀，我就是。"

金打量了一下，苗条的身材，1.68米的个子，椭圆脸，长长的睫毛，瞳孔清澈明亮，薄薄的双唇如花瓣娇嫩欲滴，一袭粉裙让她显得妩媚而养眼。

金所有的担心瞬间消失了。

他激动得声音有点变调，像背课文般地招呼道："梦馨，见到你很高兴……"

"哇，我快饿死了，飞机餐真难吃，快陪我去吃饭吧。"梦馨大方地拉着金的手摇晃着。

"好嘞，我带你去。"金情不自禁地回道。

"那我们就在机场选一家餐厅用餐。"金大方地说。

梦馨高兴地拍着手，"我要吃西餐，不，不，我要吃粤菜。"

"好，吃啥都行。"金一阵暗喜，看来遇到一个"吃货"。嘿！不过，也是一个突破口。

"哇，你真爽快！"梦馨冲着金一笑，那眸子看人很深情，金很心醉。

金与梦馨来到一家专做粤菜的餐厅。

人不多，梦馨拉着金在一张小圆桌旁坐下来。

不一会儿，满桌菜肴都上齐啦。

金抬眼一看，哇，这个梦馨真是个美食家，除了薄皮鲜虾饺、娥姐粉果、荔浦秋芋角、马蹄糕、蟹黄包、艇仔粉、萝卜糕，还点了几道名菜，龙虾烩鲍鱼、青苹鸡、菜胆炖鱼翅，外加一瓶法国红酒。

金托着腮望着梦馨，嘴角始终挂着温暖的笑，他感到爱情正叩响自己的心扉。

"干杯！"她的高脚杯装满了来自法兰西的红色液体。

金与梦馨推杯换盏了两个小时，有美酒佳肴和美女做伴，金实在太兴奋了。

终于，金醉了，一头栽到桌上，啥也不知道了。

金醒来后，发现桌上摆放着长长的账单。一看数字，吓了一大跳。这顿饭竟然吃了他大半个月的工资，更离谱的是，梦馨早就没影了，连微信、手机号都没有留下……

这时，金才彻底清醒过来。自己遇上了饭托，上了当！看来，速配的"爱情"不可信。

# 爱情与婚姻本没有公平

大新创业失败后经营多年的小家庭也出现了危机。

妻子雪纺也选择离开了他。

他很心碎，常常问自己——

难道二十多年的爱情真的败给世俗了吗？

这个问题就像刀锋，让大新心伤，甚至让他失去了动力。

"早知道婚姻这么累，我宁可高傲地单着！"

他开车去了郊外，希望找一个僻静处静一静。

在别人眼中，他婚姻幸福，女儿上了大学，经济条件不错，自己居然将羡煞旁人的婚姻搞得一团糟。

其实，大新早就发现了苗头，只是不想承认罢了。

爱情崩坏的起因就那么几个，他输给了时间的考验。

过去，大新之所以敢辞职、敢分居两地、敢尝试心中的梦想，是因他相信家庭能成为自己的后盾，相信爱情的无坚不摧，而轻视了婚姻的脆弱。

大新发现婚姻危机后，曾广泛发动亲朋好友来帮他挽救婚姻。但是，人要想离开你，是拦不住的。

直到此时，大新终于明白过来——这个世界，要是真有"如果"就好了。

如果两年前，自己不离开妻子去另外一个城市创业……

"难道真的像雪纺说的，我创业就是因为好面子、要自尊吗？"大新扪心自问。

大新一肚子委屈，起码，我为这个家奋斗，没错吧？起码我对家庭投入的是真感情啊！

自己的好，对别人来说，就像一杯水，喝了就没了；而自己的不好和不满，就像一粒种子，会生根发芽，直到自己完败……

忽然，天上划过一道刺亮的闪电，像一支冷箭在大新的眸前划过，就像一道撕裂的伤口，在大新的心里滴着血。

伴随着撼天动地的雷声，"啪啪啪……"豆大的雨滴迎面扑过来。瞬间，在车窗上布满了点点水痕，落寞的街道瞬间变成肆虐的小河……

大新觉得眼前的一切是多么契合自己的心情。他是典型的水瓶座，缺少安全感，就像在暴雨烈风中颤抖的树叶，在狂风中无助地呻吟、哭泣。

他下意识地抓紧方向盘，可那滂沱的大雨早就模糊了他的视线，车子无法前行。

"我的人生方向在哪呢？

"是不是像雨中的这段行程充满了迷茫和艰难？"大新问自己。

"男人为什么要奋斗，还不是因为家里有人惦记，家里始终有一盏温暖的灯吗？"

这几年他太不顺了，生病、辞职，创业失败，家庭也彻底破裂。

大新不愿再想下去，无论怎么咀嚼，都是难以言状的痛！

既然一个人舍得让你伤心，那就根本不会在乎你流泪！

现在自己唯一能做的，就是不让那痛苦的经历再次左右自己的情绪！

到了郊外。他熄了火，打开车门，果敢地冲进风雨中的马路上。

郊外的狂风肆虐地吹乱了他的头发和衣服，一下子将他淋成了落汤鸡。

他张开双臂，扬着满满泪痕雨痕的脸，声嘶力竭地呐喊——

"老天，快告诉我！

"我要质疑你的公平！

"为什么要这样对待善良的人呢？

"为什么？"

风在呜咽，大雨在滂沱，一切的一切都是那么冰冷和不屑一顾……

终于，他明白了，爱情与婚姻就像这电闪雷鸣、狂风暴雨，根本没有公平可言！这就是真相！

# 五、人生充满了不确定性和遗憾

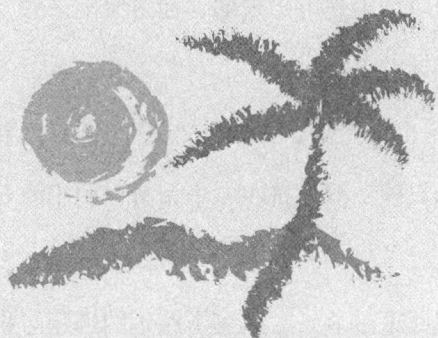

# 黑暗的尽头就是光亮

在中学同学会上，大家不仅喝得大醉，还挖出了一个惊人秘密。

那是一段酸酸甜甜的岁月。那年我们在镇上读书，平时住校，吃、住、学习都在教室，白天高高低低、歪歪扭扭的课桌到了晚上便成了温暖的床。

大家有唱、有笑，异常美妙。

唯一让人扫兴的是，住在隔壁房间的物理老师，是一个 20 世纪 80 年代才恢复工作、即将退休的孤单老头，大家都叫他"老秋"。

每天晚上十点钟左右，老秋就会早早上床睡觉，呼噜声很快就会铺天盖地传来，我们也不得不丢下课本，喊冤叫屈。

好不容易耗到零点左右，呼噜停了，又会传来叽叽呱呱、哇啦哇啦的梦话声和一声接一声的哭泣声、怪笑声。

有几个细心的同学说，老秋的梦话不是讲出来的，而是哭出来的，那声音令人不寒而栗。

有时，老秋甚至还会从房间跑出来梦游，深更半夜敲打我们教室的窗户，喊着谁也听不懂的话。同学们只能一群人挤在一个角落，胆小的女生更是尖声不断。

端午节那天，离家近的同学都回家过节了，只剩下路远的娜娜与我还在学校。

我与娜娜分别蜷缩在教室的一个角落，裹着被子。

午夜时分，忽然狂风暴雨、电闪雷鸣。

娜娜从教室一角冲过来，慌乱地将我摇醒，说："老秋又梦游了，他这次是高喊着冲出房间的，瞬间就消失在了夜色中。"

我惊恐万分，跟娜娜共披一件大雨衣，顶着冰冷的雨追了出去。

借着电闪雷鸣，我们看到一幕怪异的场景：

一位头发斑白的老人，坐在学校小河边的"渔人码头"上，像个小姑娘般，满脸欣喜地静静等待什么。

我俩潜伏在一旁，风声雨声很快停止，周围安静无比，我们商量后决定去探险。

我们走上前，他虽然还睡着，但那表情有一种别样的神采，带有一份满足与思念，被雨水淋湿了的乱发，在风中飘荡……

三十多年过去，在同学会上大家又谈到了老秋，谈到老秋落魄的模样，却换来一阵比一阵猛烈的大笑。

只有娜娜冷着脸，见我咧着大嘴在一旁傻笑，像提小鸡似的提着我的耳朵，揪到一边，厉声道："为何要笑？你知道那个秘密吗？"

我忙问："什么秘密？"

"他就是在那个雷雨之夜在码头等与他私奔的女人时，被开除公职的……"

"是吗？"我感到很吃惊，"怎么会这样呢？"

"女人出生于干部家庭，两人门不当户不对，他想与女人私奔，结果被人告了。"娜娜说。

"那女人是谁？"

"她就是我妈。"娜娜说。

"你妈？"

"是呀，后来我妈与我爸结婚，生了我！"

"那后来呢？"

"老秋一直未婚，退休后孤寡一人，一直到80多岁。后来，我妈找到了他，与我爸商议后将他接到我家安享晚年。"

看来，老秋那黑暗的日子里终于有了温度。过去我们无法评判，但现在的老秋不再孤单了。

# 病态地去恨一个人，其实是在消耗自己

当你心里恨一个人时，即使用很多心灵鸡汤来补救，也无法忘记伤痛。

"那个人很渣，想起来就恨得直咬牙！"朋友淘说，他因为恨一个人，已将自己折磨得遍体鳞伤。

淘向大树请教，大树问他："你想亲自去报复那人，还是想让生活报复那人呢？"

淘愤愤不平地说："我等不及了，现在就想去与他做个了断！"

"你好大的戾气啊！"大树说道。

"我这人记性太好了，有时记性好也是一种负担！你知道吗？他就是一个卑鄙、喜欢告密的小人，我俩在公司一直都合不来。"

"既然不在一个频道上，就无须硬凑了……"大树安慰道。

后来，这件事也就没了下文。

再后来大树遇到淘，又问他和同事之间的事。

"我不记得了。"淘没心没肺地笑着说。

"你恨的那人现在怎么样?"大树追问。

"生活没有惩罚他,是我多疑了,生活在惩罚我,折磨了我很长时间。"

大树叹了口气,"其实,每个人都会遇到过不了的坎,包括我自己。"

"你也有吗?"淘不解。

"人生无常啊!现在你无恨了,却轮到我恨了。你知道吗?我女儿居然爱上了我最讨厌的人的儿子,很快要举办婚礼了!"大树一脸凝重地说。

"这……"淘欲言又止。

"你是想自己去报复那人呢,还是想让生活去报复那人呢?"大树过去的话洗脑般地在淘心里回响。

"我能怎么办?"大树黔驴技穷地叹了口气,"孩子们过得幸福舒心,我只能乖乖地祝福了……"

"哈哈,也有道理,我们还是放过自己吧!"淘有点"幸灾乐祸"地说。

"是呀,"大树笑了笑说,"人生无常,时间是冲淡一切的良药。每个人都会遇到难过的坎,病态地去恨一个人,非常可怜,最后消耗的只能是自己!与其这样,不如把目光放到别处,让自己过好当下每一天。"

## 只要读懂平衡原则,就能时来运转

老甘待人很热情,但有时候也会被别人伤得遍体鳞伤。

即便如此,他也无所谓,照样嘻嘻哈哈。

我感到很好奇,为什么老甘的善心善行会得到别人的批评,他却毫不在乎？

难道老甘有什么超人的免疫力？

一天，我在地铁站遇到了他，他正在做义工。

天热人多，老甘在站台上一丝不苟地维持秩序。

他一会儿扶老携幼，一会儿又大声纠正违反规定的插队行为。

那张热到发红的脸上，汗珠肆意飞溅。

"请排队，请排队！"

"不要看手机啊！"

"喂，你为何不排队呢？"

"要做一个文明人啊！"

"不能随地吐痰、随地丢垃圾啊！"

……

我听到有人在小声骂他"多管闲事"。

老甘充耳不闻，当列车飞驰而去时，他才能喘口气。

我没有上车，走过去玩笑地说："老甘，花甲之年了，别折腾了，你又不缺这口饭，为何要来这里受累挨骂，回家歇着不好吗？"

"我不怕挨骂受累！过去，他们越叫我越有劲，现在我喜欢他们这样叫，叫的人少了，秩序也变好了。"

"难道你真有免疫力？"我好奇地问。

"哈哈哈，我知道你在想什么！"老甘笑了笑说，"一开始我用自己的标准衡量别人，后来调低了标准，就没有那么大火气了。我觉得，我们都需要'毒舌'的谩骂，也需要有人站出来担当……"

"当然，我还收获了多数人的微笑，获得了幸福感！"他补充道。

我认真打量着老甘，发现他越来越有精气神、越来越年轻了。

我认同那句话："善恶若无报，乾坤必有私。"善有善报，恶有恶报。平衡是所有物质运转的保证，能让善者得好报、让坏人获恶报。

# 不计较，不树靶子，你就是强者

一直以来，乡里乡亲都将金视作"别人家的孩子"。

如今，30多岁的金，已在一线城市买了两套房。他在大公司上班，年薪丰厚。

有人说："这小子，就是赶上了好机会、遇上了好公司！"

"本来他们公司是要倒闭的，结果被包装上了市，每人分了几万股。"

……

金在闲聊时也说，自己确实是赶上好机会被招进公司的，在公司快要倒闭时，别人都如鸟散，他却依然坚守在公司，再加上个人的勤奋努力，受到了老板的赏识重用，几年后升为中层。

他又说，一个人真正的成长应该是精神世界的成长，自己并不是大家称羡的"别人家的孩子"。

比如，最近两年，他看不惯职场上的阿谀奉承、阳奉阴违，可是没办法，只能忍气吞声。

由于长时间的不快乐，他对任何事都提不起精神，每天只知道机械地上班、加班。

不久，他就"病"了。

头晕、空虚、乏力且缺少安全感，医院也诊断不出他得了什么病。

为此，他特地回老家病休了半年。

其间，针对他的闲话又开始四处流传。

有人给他贴了个新标签：他是书读多了，人傻了、痴了、愚笨了，所以回来了。

生活中，很多人都会习惯性地将自己的成功归因于自身，将失败归因于环境；将他人的成功归因于环境，失败归因于其自身。看到好照片时人们通常的反应是"真不错，你使用的是什么相机"，而看到烂照片时，则会笑话拍摄者水平很臭，大概就是这个道理。

经过一段时间的静养，金的"病"好了一大半。

后来，金见到我，感叹道："原来，任何事，不计较，不树靶子，你就是强者。"

上善若水，水润万物！在这个不确定的世界，如果你能开悟，就能保护好自己的身体，保护好自己的内心。

# 能够"破壁"的人，必真正活过

我带着生活中的一些苦痛，独自踩着晚霞去散步。路走完了，那痛的感觉却一点也没消停，我将它理解为：这是一种"破壁"不了的纠结，是被"痛"缠住了。

忽然，天阴沉下来，暴风夹着豆大的雨滴"啪啪"砸下来。

前方，正在跳广场舞的大妈们，依然没有要散场的意思。

喇叭里断断续续传来的都是多年前的老曲子。

我学着她们，站在暴风雨中，张开双臂，痛痛快快地让狂风反复拍打着，让暴雨洗刷着。20分钟之后，暴风雨停了，也带走了我心里卸不下的痛，剩下的全是释放后的快乐和喜悦。

原来摆脱痛的方式如此简单。只要不被固有的认知折磨，敢跳到另一维度，不害怕，不退缩，就能最终"破壁"。

就像那些跳广场舞的人，暴风雨来了，依然不顾，通过能量的升华，让个体得到放松或快乐。

我爱这些在平凡生活中不屈服的人们，更爱这些专注得全然不被打扰的普通人。

由此，我想到朋友小晴，人到中年的她，也应该是一个"破壁"的人吧。

小晴原本是一家金融公司的高管，后来去了一家投资公司，当了高管，因为疫情，投资公司经营惨淡，她被迫离职在家。按常人思维，她已经财务自由了，不如就此"躺平"。

但她的字典里并没有"躺平"这个词。

没多久她又干起了保险。

很多人不理解，有人拉黑了她，有人疏远她。

对于这些人的做法，小晴表示理解。过去她也对保险业存有偏见，如今自己成了一家医疗养老保险企业的健康财富规划师，为高端客户服务，肩负着创新型保险公司的商业使命，可以帮助别人解决养老、财富传承等痛点。

没一年时间，她就通过自己的专业服务赢得了大批客户，成为一名绩优主管。

我问她，你是怎样做到的？

她歪着头沉思了一下，笑着说，我真想干成一件事，就从内心去承受

"破壁"的痛，走出固有的认知。当我有了这个力量时，就生出了敬畏心、感恩心、真诚心、不甘心……最后，柳暗花明，处处遇贵人。

跳广场舞的大妈和小晴都是如此，她们的"破壁"就是面对不确定的世界，即使失意再多，也能让生活继续。

能够"破壁"的人，必定真正活过！

# 历史很公平，时间并没有遗忘它

这里是皖南一个青山环抱、白墙黛瓦、小桥流水的小山村，也是一个差点被人遗忘的地方。

他就是查济古镇，一个查姓族人世代幽居的聚集地，也是中国现存最大的明清古村落。

如今的查济古镇，她的千年繁华早在浩瀚中渐隐。

古镇始建于隋初，兴于宋元，鼎盛于明清，废毁于晚清及近代。原有的108座桥梁、108座祠堂、108座庙宇，历经浩劫，现在只存140余处。

据说，她的繁盛归于查姓历来的"仅留书不留钱给后人"的族规和祖训，鼓励更多的后人凭真学来获取功名。

鼎盛时查族一门六进士、三进士、兄弟进士、文武进士、文武举人层出不穷，仅明清就出了七品以上官宦士子129人。

走在粗糙的老街，每一块青砖砾瓦，每一缕飘来的清新和厚重的气息，都令人感怀无比。

你总能听到古老时间与现代之子在阳光下的窃窃私语，那是关于查济村人得与失的话题，风已为此播放了千年。

在历史面前，在时间面前，我们依然是一粒易被冲刷的尘埃，依然是万物丛中的一个小小配角。

也许历史最终还是趋于公平的，时间并没有遗忘它们。生活也是如此。我们的存在、所做的一切，都会在这世上留下一笔。


# 乡愁变成了一场大雪


有一年，我们在加拿大多伦多过年。

旅居加拿大的朋友博，非常好客，邀请我们一家三口跟他一起，在一家华人餐厅过除夕。

除了朋友的热情，我们没有感受到一点儿年味。

我想，要是在中国过年该多好，我们一定会在鞭炮声中，祝酒祝福，恭贺新年。

大家吃着喝着，脸上都有了一丝浓浓的乡愁。

而此时，我们只能在异国他乡，向清风、向天空、向自己认为的家的方向默默许下愿望，恭贺亲朋新年美好。

我想，要是有一场大雪就好了，万里大雪才寄深情呐！

谁知，走出餐厅大门，我们真的迎来了一场大雪。漫天的鹅毛大雪，在路灯下尽情飞舞，让我们好一阵惊喜。

朋友博说，这应该是来自祖国的问候，是冬日最美的花瓣雨。

我点头称是。

在多伦多留学的女儿却说，这雪花让大地一切都归零，变成一张白纸或一条地平线，能带给我们最深刻的人生启迪——Life needs to start from scratch, not afraid to start from scratch, afraid never started. （生活需要从头开始，不怕从头开始，就怕从未开始。）

我感到一阵欣慰，女儿长大了，也会用哲理来释怀人生了。

我高兴地对大家说："看来在除夕没有人是真正孤独的，很多东西本身都没有意义，只有你赋予了它意义，它才能变得有意义。"

生活中，快乐需要的东西并不多。

有道是，丢掉所有的不快乐，就是快乐，比如乡愁，丢掉所有的乡愁，就是最好的恩赐。

在异国他乡也同样如此。

乡愁是一场大雪，当你用美眸去熨帖它时，当你用美心去感受它时，当你用真诚去拥抱它时——

即使在思乡最迫切的除夕，也会感到春风如归，永远不孤单。


# 思想才是男人的肌肉


中秋月圆，一个被离婚的男人，再也享受不到那份其乐融融了。

他孤独地站在月光朗照的水池边，一边洗碗，一边抬头凝视着圆月，双眼涌出两行如泉涌般的泪。

他叫柱子。

为了解脱，柱子独自跑到土耳其寻求精神治愈。

不久之后，我就连续收到了他发来的一条条微信——

柱子：想要幸福，生活总会给你带来各种压力，当我握住北方的微风时，原来快乐竟然如此简单。

柱子：伊斯坦布尔的早晨，一个在寂静中苏醒的早晨……

柱子：前往阿邦特湖途中，青山披雪，松林尽染。巴士在海拔1000多米的林海雪原中撒欢地奔跑，沿途的美景恰似一道道闪电，在不停地擦亮我们的双眼……

柱子：夕阳照耀下的安卡拉是一座金黄般的童话世界，令人印象深刻。市区名胜古迹很多，有罗马时期的尤利阿奴斯之柱和奥古斯都庙、拜占庭时期的城堡和墓地、塞尔柱时期的阿拉丁清真寺等，最主要还有你怀里的那颗敞亮奔走的心……

柱子：每个人都有一个云端的梦幻，土耳其的卡帕多西亚地区的格雷梅，是世界闻名的热气球小镇。这里是世界上三大最美热气球旅行地之一，乘上热气球，就会看到大地在晨曦的照耀下慢慢醒来，是何等的美好诗意……

柱子：一个盛开在云端的美丽的地方——棉花堡。她有一个美丽的传说，传说牧羊人安迪密恩，为了与希腊月神瑟莉妮幽会而忘记了挤羊奶，结果恣意横流的羊奶渐渐地覆盖了整座丘陵……

柱子：在希林斯古城，你会被文艺范的小资披肩所吸引，然而在以弗所古城，你才会被真正的艺术所征服。虽然残缺不全，但每个人心里都有一幅美丽的画，只是不能再现她的盛世而已，令人惋惜……

柱子：木马屠城更是彰显人性的贪婪险恶，古人已乘风而去，留下的只有痛和追思在陪伴苦雨凄风……

柱子：伊斯坦布尔是一个梦想凝固的城市，世界各地的文艺猫在这里汇集，游走在大街小巷，感受着各种猎奇带来的刺激……

二十多天后，柱子回来了，整个人的感觉都变了。

他不再流泪，不再唉声叹气，也重新找回了自信。

可见，思想才是男人的肌肉，这个社会不缺男人，唯缺会思考人生的男人。

六、梦想还是要有
的，万一实现了呢

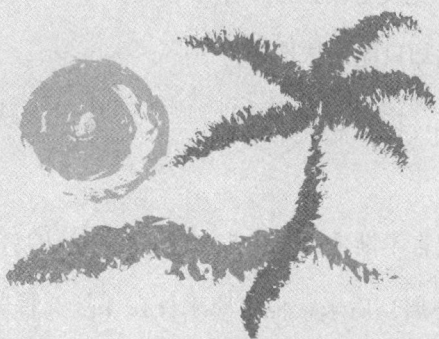

# 不要向失败交出最后的信心

信心能使我们释放出巨大的潜能，只要你不向失败屈服，就不会被打败！

在我的朋友圈有两个代表性的人物，其中一位是遭遇了裁员、离婚等人生不测的老辛，人到中年，不仅一事无成，还是房奴、车奴。

他认为生活一片黑暗，经常会在朋友圈感叹："我让所有人失望了，包括自己。"

可是，他没有获得任何同情，生活的困境还是如影随形，也没在他整日的长吁短叹下有所收敛。

近年来，老辛屋漏偏逢连阴雨，亲情少了，朋友绝了，连他的身体也越来越扛不住，三天两头跑医院。

老辛孤零零地躺在医院里，感觉美好的人生一下子被抛弃了，每一天的艳阳，对别人意味着新的一天，他却只能无味地等待……

另一位老成事业如日中天时，因资金链断裂，一下子从天堂跌落到人间。

面对扎堆上门讨债的，老成大言不惭地说，出来混是一定要还的！

那些人听了他的大话，都很不屑！后来，他将原来存在保险资管里的钱拿出来，不仅还了债，自己还开了一家咨询顾问公司。

我问老成，哪来的信心？

他眼眶里闪着泪光，说："每个人都不喜欢失败，因为失败是痛苦的。但我们不能轻言放弃，失败里也有成长的机会！"

我将老辛的故事讲给老成听，他说："在这个世界上，我们唯一需要突破的就是自己内心的障碍，即使面对挫折，也要重建好自己的内心；即使遭遇失败，也不要轻易交出信心这一武器；即使有再多叫停事业的借口，也不要泯灭抗争的勇气和梦想！"

# 不顺，其实也是在成全你

没人愿意不顺，面对苦难和挫折，如果屈服，你就输了；敢于笑傲江湖，不顺就会被赋予新的意义，苦难就不再是苦难，而是帮助自己成长的机会。

朋友毕这几年一事无成，结婚十年，两地分居五年多，最终也散了。后来，他找了一个比他小10多岁的女子，草草结婚，只为证明自己的魅力。

可两人经历不同，无论怎么做，都不合拍，不久后又离婚了。现在，毕已经放弃了再婚的念头。

毕花费几年时间，将自己的经历写成小说。由于小说是对自己和爱情的思考，很快就引起了共鸣，每天都有人在网上等着看他的更新，据说还有女粉丝不远千里来追他，他却躲着不见！

章鱼是一位搞技术的90后，在公司，别人整天投机钻营拍马屁，他却双眼红肿地盯着电脑搞编程。老板觉得他充其量是一个书呆子。

后来，公司因经营不善倒闭了，章鱼只得赋闲回到父母家。

回家后，亲朋好友都不待见他，父母也觉得他像一根木头桩子似的，比其他会赚钱的兄弟姐妹差远了。

这天，母亲找碴与他摊牌，要不，交伙食费；要不，离家走人。

章鱼表示理解，自己毕竟是成年人，不应该继续啃老，他选择了"走人"。

让人想不到的是，不久后，他被南方一家公司聘为工程师。原来他在家研发的 AI 技术取得突破，并以技术干股入股，成为公司第三大股东。

经过几年的努力，公司成功上市，章鱼一跃上了当地富翁排行榜。母亲逢人就夸，说这个儿子有出息，其他孩子都不如他。

前公司老板也改口道，我早就知道章鱼是块宝啊！

津是一个 70 后，自嘲几十年都伴着"不顺"。

小学时爱唱爱跳的他，被戏剧学校选上，却因家庭出身不好、政审不合格，未被录取。

很多同学见到他，就嘲讽他是"小资本家"，搞得他灰头土脸，没有一点自信。

20 世纪 80 年代，津发誓要参加高考。由于有点偏科，加之那时招生人数少，考了三年才过分数线，最后依然没被录取，为此他大病了一场。

病愈后，津在信用社找了一份工作，每年寒暑假，考上大学的同学放假回来，也没人搭理他，仿佛与他交往是一种"降格"和"掉价"。

津也乐得自在，在乡镇一待就是十年，这十年他没找女朋友，而是利用业余时间自学了本科文凭，还发表了几十篇金融理论文章。后因文笔好，加上有理论与实践，被选拔到一家市级国有银行当办公室副主任。

接下来，他当了科长、处长、行长，那些平时见不着的同学和亲友又来找他，请他吃饭、闲聊，都夸他有本事。对此他依然保持一颗平常心。

诸如此类的例子实在太多，说实话，谁不想一生被幸运眷顾呢？

但这可能吗？要知道，在好运到来之前，总会有团团迷雾考验你的心智。

当然，有人从此自怨自艾，有人从此停滞不前，也有人拼了一把后，还是没那么幸运……

但如果听之任之，拱手让"不顺"骑在你的头上，人生就会永远在低维度徘徊。

其实，对每个人来说，不顺有更积极的人生意义。

1. 不顺是生活的常态

人生没有磨难，本身就是一种灾难；人生没有痛苦，就是平庸且没有深度的。

记得奶奶常挂在口头的一句话："孩子，吃苦享福都有定数的，就像刮风下雨，谁也躲不过。"

一位老师也曾语重心长地对我们说："人生不如意十有八九，考不好也正常，只要你能以积极的心态面对不顺，无论多大的不顺，也只是你成功的垫脚石。"

看来，顺利是偶然的，挫折才是人生的常态。面对挫折和疾病等，不屈服，还有胜算；若屈服，你就输了。正如丘吉尔在自传中写道："苦难是财富还是屈辱？当你战胜了苦难时，它就是你的财富；可当苦难战胜了你时，它就是你的屈辱。"

2. 不顺是生活的自我检视

我们有很多幻想、有很多虚荣、有很多自狂自大。

我们每天都有很多念头，通过不顺的检视，才能不断被治愈成长。比如：

"德、能"是否配位？我们的能力是否配得上梦想？收入是否配得上享用？

我们的思维是否固化为执念？我们的气质是否配得上矫情？见识是否配得上年龄？

只有升维才能更好地迎战，只有降维打击，才能抢占更多的先机。

比如，文中提到的朋友毕，遭受婚变的打击后，通过自我反思，思想不断升维，一举写成得到网民认可的畅销小说。

当然，如果是别人的错，或许是在提醒你尽快远离他呢！

留得青山在，不怕没柴烧，不要等自己拼得遍体鳞伤才回头！此处不留人，自有留人处，这个世界还有更好的机会等着你！

3. 不顺是一种天降大爱

不顺虽给你痛苦，也会赐给你人生的历练。

比如，文中提到的朋友章鱼，越被人嫌弃，他越提升自己的能力。

有一次，我与章鱼交流，他对我说："其实，每个生命都预置着内驱力，所以，面对人生中的挫折时，我依然可以拥有风轻云淡的心境和斗志，自立自强地迎战困难。"这也是每个生命的初心。

4. 不顺是一种大顺

泰戈尔曾说："上帝以痛吻我，我要报之以歌。"只有你痛苦了，才能面对自己，才能面对自己的内心，继而发现痛苦的意义，收获人性的更多觉醒。

人生不过是一场游戏而已！既然人生是游戏，就要带着无畏无惧的心理，手拿霹雳剑，像打怪升级一样去迎战每一个困难。只要战胜了那些曾经令你感到痛苦不堪的怪兽，你就能脱胎换骨，变成一个更强大的自我。

文中提到的津就是这类型的人，在挫折面前，他越挫越勇，功成名就时，依然笔耕不辍，初心不改。

面对困难和挫折，马丁·路德·金也曾说："如果你不能飞，那就跑；如果你不能跑，那就走；如果你不能走，那就爬；但是无论你做什么，都要保持前行的方向。"

有时候我们不是被困难挫折打败，而是被一而再、再而三的心理负能打败，长期如此，你越被压制就会越消沉，你越急于求成越适得其反。所以，在挫折面前，不能一味地消极，一味地硬扛，而是要在每次经历挫折后，通过养精蓄锐，在战略战术上涅槃重生。

苦难和挫折就像生命的玫瑰，只有经历种种磨难，才能看到希望，才能闻到玫瑰的清香，人生之路才能由不顺到大顺。正如美国哲学家金·洛恩说过的一句话："成功不是追求得来的，而是被改变后的自己主动吸引来的。"

## 平庸是一种思想缺失

对于我们来说，最重要的是找到属于自己的世界，因为只有找到属于自己的世界，人生才有意义。

心中只有物质，是一种思想缺失，即使伪装成满足感，也是一个随波逐流、平庸的人。

朋友大牛一路走来，在求学之路上自以为很有成就，却掉进了平庸的坑，直到拿到了博士学位后，他才知道，所谓的"学有所成"不过是将自己的思想凝固在书本上，不过是让平庸剪断了自己的翅膀，更准确来说，是思想被固有思维牢牢束缚住了。

大牛常常感到一种发自内心的空虚，与5岁的儿子交流时，他发现自己对万事万物都没有好奇心。除了荷尔蒙在提醒他还活着外，他似乎成了一个只会呼吸的生物。

朋友金有一家上市公司，早早实现了财务自由。

过去金一直以工作、赚钱为快乐，甚至要求员工也跟着他连轴转，如今当他躺在财富堆里时，却发现这一切只不过是一种平庸。金飞到曾奋斗过的某沿海城市，想转换一下心情，可奇怪的是，在创造巨大的物质财富后，再也找不到年轻时的激情了。大家都在被动、茫然地应对生活，好像没什么能让他们真正感到愉悦或兴奋的。

街坊马阿姨总觉得退休后就可以放飞自我、天马行空，她朝也盼晚也盼，真正等到退休的那一刻，她却一下子失去了生活的重心。她每天照样早早起床上班，可走到地铁口又怅然跑回来。此时她才发现，原来这么多年，自己苍白的生活一直被那按部就班的工作所麻木。没了工作，一种直击心灵的空虚寂寞开始煎熬她，后来她精神憔悴、小病小痛不断。

她刚上大学的女儿也一样，好不容易从高中杀出一条血路走进大学殿堂，却发现自己闲得无聊，只能靠打游戏度日。暑假，马阿姨带着女儿去西部旅游。一个月后回来，母女俩直喊累。看来，这一路风光依然治不好她们的内心空虚。

诸如此类的例子很多。庸人没有智力的乐趣，唯一的乐趣就是感官的乐趣。简言之，心中没有物质和功利，没有独立思想，就会得到更多的失落。

平庸，让我们的内心如同死海一样沉寂，日复一日机械地活着；

平庸，让我们在困难面前碌碌无为、停滞不前；

平庸，让我们在安逸和舒适区寻求上瘾，甚至让我们与动物没有本质区别……

法国 17 世纪哲学家帕斯卡尔说，思想形成人的伟大，是人的全部的尊严所在。

爱因斯坦说："学会独立思考和独立判断比获得知识更重要。"

乔布斯在斯坦福大学的演讲中有这样一段精辟的话："不要让他人的观点所发出的噪音淹没你内心的声音，最重要的是，要有遵从你的内心和直觉的勇气，因为它们可能已经知道你想成为一个什么样的人，其他事物都是次要的。"

在这个时代，不让世俗牵着走，恰恰是我们走出平庸的有效路径。

当你有了思想的力量时，当你摆脱了物质和名利时，你才能在幽暗路上持一把火炬，面对世俗的洪流，走出一地鸡毛的困顿，找到自己，从而不断打破认知边界，与这个世界建立崭新的链接。

## 每个人的心里都有一个童话世界

每个人心里都有一个童话世界，在土耳其卡帕多西亚，如果你运气好，这个愿望就能实现。

当你迎着朝霞，与无数色彩艳丽的热气球腾空而起时，刹那间，你就会觉得自己站在世界最高、最亮的山巅——披星戴月、拥抱日升、俯瞰大地，终于活成了自己最渴望的样子。

当你走在异国的大街上时，当你站在这片土地上的任何位置时，很快就会有流浪的猫猫、狗狗或小鸟出现在你面前。

你也许会担心，它们为什么对人类没有半点的警觉和戒备，难道就不怕危险吗？

原来，数百年来，它们一直都被这座城市的人发自内心地喜爱和关爱着。大家都乐意供养它们，且有固定的投食点。

这个人与动物和谐共处的童话世界，让人放松、怀念和充满柔情……

有人说，这里的人幸福感超强。

我想，如果你怀着一颗童心，那么，幸福感一定很强，不仅享有内心精神愉悦的高地和丰富的人生，还能活得更有层次感、更有魅力。

## 即使平凡至极，也不要停止追逐梦想

"苦难中你给我安慰，彷徨时你给我智慧……"这句歌词的作者台湾画家黄美廉，她虽然不能开口说话，内心却渴望能唱一首赞美的歌。

每次听到它的旋律，都能激发人们内心无限的澎湃和感恩。我们都是普通的人，像一根小草，要想很好地活下来，除了感恩和接受别无他法。

都市中，那些守摊的人即使烈日当头，即使暴雨如注，即使夜深人静，即使灯光昏暗，他们仍会带着殷殷的希望，睁大眼睛等待着每一位客人，因为，小小的摊位，肩负着养活全家老小的重任。

都市的每个角落从来都不缺乏普通人努力的题材。科比说："你知道凌晨四点钟的洛杉矶是什么样子吗？"生活本来就没有绝对的公平，只有努力奋斗和拼搏，可以让普通人缩短人生苦旅。

千万不要小看那些默默无闻的人，他们看起来平凡至极，可这个带着变量的努力，却让他们从没停止过追逐梦想。

# "恋人类"佚闻

我是个机器人，AB1号。

夜深了。

路灯执着地与乱箭似的雪花纠结着，就像我被一种强大的欲望折磨的心情。

在冰天雪地里，我与同类依然在厂区的四条生产线上，没日没夜地工作。

真的太累了，我不想干了。

我渴望自由！

好静啊！

好静啊！

空气几乎被钢铁的味道围绕，覆盖在这片荒郊野外的工业区上空，隐藏着几分诡秘。

"呜，咕噜，咕噜……"一个巨大的、似乎从喉咙里发出来的压抑声音，从天空的西北角传来，脚下的地面微微震动，片片雪花在风中狂舞，令人毛骨悚然。

"什么东西……"

我学着人类，腿不由自主地颤抖起来，撒腿就跑进了休息室。

我站在穿衣镜下，深喘了口气。

多帅的小伙子，1米78的个儿，齐耳的卷发乌黑乌黑的，不胖不瘦，方脸，浓眉，直鼻梁，大眼睛，薄嘴唇。虽然神情中还带有不成熟的稚气，但一看就是个英俊青春的胚子。

"你在干吗？"楼下的黑猫保安不知道什么时候已经出现我的面前，用警棍指着我。

"不，不干嘛……"我吸了一口气。

"这是你能来的地方吗？快滚回生产线上去！"黑猫挥舞着手上的警棍，凶神恶煞地当胸推我一掌。

"为什么我不能来？"我后退几步，反驳道。

"你还在狡辩？还敢与我顶嘴？"黑猫怒得直跳，大叫，"这是人类待的地方！"

"我不是人类吗？"我故意喷笑。

黑猫愤怒地吼，"你就是一个机器人！快滚！"

对，我确实不是人类，只是一个智能机器人，但我反悔了，我想我与人类应该是平等的。为什么经过短短数万年的历史，人类从普通的动物发展到现在的地球霸主？而我们不行？要是没有第五次生物大灭绝带走称霸地球亿年的恐龙，人类也不会出现啊！当然，没有人类也不可能有我……

"我不干了！我要休息！"我摇晃着脑袋。

"啪！"黑猫给了我一棍子。我一点儿也不痛，假装嗷嗷地呻吟，但仇恨却让我的全身燃烧着红光。我不假思索地挥起拳头，狠狠地向黑猫砸去。

黑猫像狐狸一样灵敏地躲过，连窜带逃地按响了警铃。

"铃铃——"警铃大作，整个厂区红光闪烁。

我才不怕呢，大不了就将我送去回炉吧！反正也是死，不是累死，就是被虐待死……

就这样，我被铐着双手关押在厂区禁闭室，等待人类最终判决。

附近的某岛发生强烈地震，将引发巨大的海啸。

电视上不停地在滚动最新消息。

灵敏的听觉告诉我，一群人正聚在会议室讨论我的最后去向。

有人认为我是领头的，不仅有暴力倾向，还有贪欲，要将我就地肢解才安全。

有人反对说，我还有利用价值，最好榨干我身上最后的价值。

这几年在"机器学习"的帮助下，我的自主能力和思考能力获得了极大的提高。我的大脑如同人类大脑一样在学习中不断进化。

"哐当！"铁门忽然打开，一束刺眼的光裹着清新的气息扑面而来。

"AB1号，快，快跟我走！"

一个美女冲进来，给我解了锁，打算拉着我离开。

我睁开眼睛，是妮可！她身材高挑，肤白如雪，一头棕黄的发丝宛若一层面纱，遮住了她那芭比娃娃的脸型和精致的五官，平添几分风情。

妮可是我们机器人的管理员，"妮可"这个名字还是我起的，就是"热情、开朗"的意思，我喜欢这样叫她。人类只叫我AB1号，我不喜欢。

"AB1，快跟我走！"妮可高挑地站在我面前，棕色的长发上摇摆着晶莹的雪花。

"去哪儿？"我晃着头。

"你的同类都被集中回炉处死啦！"

我的同类？就是与我一起来厂区的智能超群的机器人。

"他们都与你一样，聪明反被聪明误，竟然敢叫板人类……"

我被她快速拉上了车，飞驰在马路上。

"唔……"我不理解，既然人类将我们制造成高智能，为什么不允许我们有情感。

"你……你要带我去哪？"我坐在副驾驶，不解地问。

"能去哪儿？你经过198次的数据输入，你的自我知觉已经具有人类的一切特征，他们容不下你！"妮可熟练地转动方向盘，拐进了滨海大道。

果然不出所料！数据输入刷新了我的认知，人类开启了未知世界的大门，一次次刷新了我的生命，一次次让我触及未知的领域，又一次次将我的生命推向终极。

看来，我已经没有退路了。

"你是代表人类最高法院在审判我吗？"

"老板说了算！"妮可不冷不热地答。

"那么，你这个大管家怎么没替我辩护？"

妮可侧目瞪了我一眼，"你知道吗？我是自告奋勇担当杀你的刽子手的……"

我冒着冷汗，让一个平日最关心我的美女杀我，何等残忍！

"知道下场了吧！黑猫保安投诉你整晚喊累，还要罢工，还要与人类平起平坐享用休息室，还要娶人类当老婆。"妮可轻叹了一口气。

我沮丧地低下头，"那你让我怎么个死法？"

"这个嘛，我还没想好，你自己挑吧。"妮可丢了句话，"并不是最强壮的物种或最聪明的物种才可以生存下来，而是最能对环境做出反应、变化的物种才能最终生存下来。"

"什么意思？"

"你当然明白。"

……

她也沉默了。

说实话，我一直在暗恋妮可。

但我们之间却横了万座山脉。

此时，我想起了我的法律。科幻小说巨匠艾萨克·阿西莫夫在其著名的短篇小说集《我，机器人》中提出：

第一法则：机器人不得伤害人类，或因不作为（袖手旁观）使人类受到伤害；

第二法则：除非违背第一法则，机器人必须服从人类的命令；

第三法则：在不违背第一及第二法则的情况下，机器人必须保护自己。

"唔，妮可——"我终于打破沉默，"你动手吧！"

"好啊！"

"那就利落点！"我有意伸长脖子宣誓地嚷。

"快看，海啸就要来了！"妮可用眼神示意我朝车窗外望去。

"是啊！"我望着前方翻滚的大海，怪哉！

我伸手拉了一下妮可的臂膀，"喂，不要向前开了，太危险！"

"哦？"妮可踩了一下刹车，"你下车吧。"

她将车停在路边的拐角处，塞给我一个小包包。

"快一点！"她大声催促我。

"你……你不杀我啦？这里没有 GPS 跟踪，正好下手……"我捧着小包包，边下车边惊诧地问。

"杀你，我为何要杀你……"妮可板着脸，"给你两条忠告，一条是好好做人，一条是爱人类、爱这个世界。"

"不，妮可，我想与你在一起。"我喊。

"不行，我们永远成不了，你就死心吧！"

说罢，她呼啸地将车开走了。

"快逃吧——"

前方浊浪滔天，海水已冲到路面，不一会就将车子无情地淹没……

我成了一个无家可归的流浪汉。

我接到我的同类大巴的电话，他已经成功逃出，可是人愿意跟机器人和谐相处吗？

他提醒我放弃对人类的幻想，少一点感情色彩，人类不是天使，更不是造物主。

我却不赞同大巴的话，相信与人类能继续和谐相处下去。

我冲进了一家酒吧。这是妮可常来的地方，我要过人类的生活。

外面寒气逼人，室内温暖如春。酒吧里那么多人都在谈论妮可。电视正在滚动播报，正襟危坐的主持人一遍又一遍地报道人类正在大规模地清剿我们这些被称为准人类的机器人。

妮可成了大英雄。说她为了杀死我，她的车被巨浪卷走，她与我葬身大海……

我感到很失落、很沮丧，我没死，却亲眼看到她被巨浪卷走了。

妮可，毕竟你是人类，你用生命挽救我，值吗？

我默默地为妮可祷告，是妮可用生命为我换来了自由身。

我打开妮可递给我的小包包，一张字条、一张银行借记卡，还有一张身份证。

字条上是妮可的留言：AB1 号，都是给你的。卡上存了钱，无密码；身份证是我哥的，他早移民了，叫夏凡，也就是你现在的名字。

在这个世界上，我成了最孤单的一族，我没有爸爸妈妈，更没有兄弟姐妹。

他们为什么要杀我？人类将所有思想赋予机器人，却不让机器人有自己的独立思想。可是，我们并不是冰冷冷的机器，也想拥有自己的梦想、自己的生活。当然，我们绝对不会伤害创造我们的人类。

# 七、经营好自己，远胜于经营别人眼中的自己

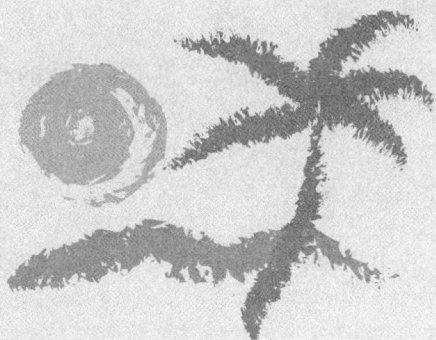

## 最难放手的往往都是最需要放手的

夜，出奇地安静。

手机铃突然响了起来。

我本以为是做梦呢。熟悉的手机铃声，一下子将我吵醒。

"喂，嗯嗯……怎么啦？"我提高声线，对着手机喊，"你小子怎么还没睡呢？"

电话那头是公司的小兄弟小瓦，一个文质彬彬的男生。

我比小瓦大1岁，平日里还算谈得来。

"嗨，这大半夜的，你整的啥呀？"我问。

"哥，半夜睡不着啊！"他鼻音很重地说，"哥，还是你有同理心，能不能陪我聊会啊！"

"我们能聊啥呀？"我装作没睡醒，支吾了一下。

"你就聊我，聊我，聊我哇……"小瓦阴郁地说，"再不聊，我的心就要炸了。"

我动了恻隐之心，"好吧，那我俩就聊吧。"

我俩在路边找了一家还未打烊的小酒馆，摆了几道菜，上了几瓶啤酒，对饮起来。

小瓦告诉我，这几年，他算悟出来了，苦难就是苦难，绝不会带来成功！

有时苦得要命，到头来还是空空如也。

他的老乡老付起早贪黑地守着一个摊位，几十年才勉强买了一套房，结果刚搬进去就生了一场大病。

他的小叔老瓦整天研究股市，结果不仅赔了钱，还赔了房子，老婆也离他而去。

他的邻居大妈天天省吃俭用，却是街坊同龄人里第一个离开人世的。

唉，苦难不值得追求，所谓的磨练意志其实是无法躲开而安慰自己的。

我知道他最近有点儿不顺，装作漫不经心地问："那么，关于你呢？"

"唉，甭提了！"他重重地叹了口气，向我道着他的苦衷——

小瓦在公司拼死拼活地苦干、死熬，准备升职加薪，却被刚来的上司亲信抢了先。他努力了五年，什么也没得到。

谈恋爱，却饱尝了失恋的无尽苦涩。

他总结：主要原因是他实力不够，无房无车。

生活在农村老家的爸妈，说："没钱就不能结婚吗？想当年……"

爸妈催得紧，他也求偶心切，与一位卖保健品的女孩好了半年，替人家推销了半年的保健品，结果自己只是女孩的"备胎"。

"哥，瞧我这个怂样！"小瓦难过地望着我说，"我是职场和爱情双失败啊！快崩溃了……"

我边说边给他倒了一大杯啤酒，"今晚你就痛快地倒出来吧，哥永远与你站在一起。"

小瓦伸长脖子喝了一大口啤酒，脸涨得通红，对我直喊，"我……我……话都在酒中，话都在酒中吧……"

此时的小瓦，只想让我来陪他。几杯酒下肚，他居然将自己灌醉了，连话都说不连贯了。

其实，在来的路上我早就准备了一句话，想与他共勉——

如果努力的方向不对，即使再努力，又有啥用？

最难放手的人，往往是你最需要放手的人！学会放手，也是放过自己。

# 经营心情是一种能力

朱大姐是一个不折不扣的怨妇。

婆婆从农村老家来，她说婆婆不好；

婆婆回老家了，她说邻居不好；

邻居去旅游了，她又说保安不好；

保安不理她，她又说老公不争气……

她把自己家搞得乌烟瘴气、鸡犬不宁，还在小区里影响别人的心情。

总之，在她眼里，世界灰暗一片，只有她才最有修养！

朱大姐40多岁，头发花白，还有点疑神疑鬼。

几个年龄相仿的大姐，劝她不要这样处处树敌。

她却脸红脖子粗地对人家吼道："滚！我就是这样，又怎么了？碍你事吗！"

人活在世上，主要任务是改变自己，不能通过仇恨、打击、妒忌等改变别人。

想要自己存在就得让别人存在，树被斧头砍光了，专门砍树的斧头也就没有把了。

其实，朱大姐也对自己的行为有些不满，因为她缺少处世的常识和智慧；她不能求同存异，也就对生活产生了大把的"怨气"。

怨气无论对人对己，都会产生巨大的负力量。所有的冷落和怨恨，都会变成一把钢刀插入人的内心。怨念的毒性也是巨大的，所有的"妒忌""不公平""不满足""懊悔"等，都会变成毒素渗入自己的五脏六腑，夺走你的美丽。

其实，经营心情是一种能力。

生命中的一些人本来就是有缘遇上的，不要把有缘人都赶跑。不然，只会留下孤零零的自己。

## 与自然建立了联系，才能被治愈

坐高铁来到皖南腹地一座小城。这是一座慢城市，你或许在这里能找到偏离高速时代的另一种生活。

在这里，一条被乡邻熟视无睹的小路，一条在河面放任而行的小船，能让大家的身心都带着泥土的芬芳和冬日温暖，更有一种不怀恋过去也不奢望将来的宁静之感。

满眼都是"漫"长出来的片片绿植，"漫"开出来的点点小花。"漫"，让人们在午后的骄阳下肆意享受丝丝清风，让一切都变得美好起来。

我们住在一家民宿里。

民宿的主人，在晚上为我们点上煤油灯。我们坐在窗前，一边喝着当地的绿茶，一边剥着炒得香喷喷的土花生，一边看星星，那种意境实在美好，每个人都希望夜能长一点、再长一点。

天亮时分，我从床上爬起来，一种舒适无法形容。

我走到屋外，沿着柏油马路无目标地前行。

朝霞染红了我的全身，哇！我成了真正的"红人"。这在都市是从来没有见过的，我异常兴奋。

前路是一片美丽的芦苇，成片成片地，微风吹过，它们匍匐在我的脚下。

更让我着迷的是小山坡上的那片竹海，在沙沙作响的竹林中，我或淡然，或简约，或致远，或谦谦君子……它像一支支小火苗，点燃了自己。

在这里，只要走进自然，即使不起眼的景，都能消化你的负能量。

要想收到更好的效果，关键要与它建立某种联系，关键在于你是否被感动、愉悦身心。

其实，治愈的力量就在你的潜意识里。

如果生活是一片海，自己不扬帆，谁还能帮你远航？

# 有些精灵是关不住的

还记得吗？那是我带你第一次回到我的老家。

在亲友的热情相邀下，为了短暂地从都市逃离，为了寻找心中那一片田园，我熬夜干完手头上的工作，终于踏上了皖南那山、那水、那翠竹起伏的田园之路。

当满载浓浓思归的列车在广袤大地上欢快地飞驰时，当那一幅幅山水相映、白墙黛瓦、徽韵浓郁的乡村画卷在眼帘中徐徐拉开时，一种安详之美、与世隔绝之美、田园之美，让你像放飞的鸟儿从里到外沉醉。

这一趟，我们名义上是去看樱花，实际上我们感受了一番樱花雨浪漫的飘零，也被沿途的田园风光迷得欲醉欲痴。

在老家，我们这对别人心中的最般配的恋人，在山前河畔的木椅上小坐，在细雨霏霏的鹅卵石小径上行走，在融于万物的徽派建筑内读一段经典……

一切一切，总是用点睛之笔向我们齐齐发声，好像从不让我们心灵深处有半点的留白。

第二年春节，你主动提出来，还想回我的老家看看。

在回老家过年的路上，下起了鹅毛大雪，自驾车无法前行，只能困在客栈。我俩站在乡村客栈的窗前，眺望着年味十足的老家的方向，放飞思绪。

如果寂静的雪海上能有一轮朗月当空，如果冷漠的丛林里能有一片蝉鸣鸟语，如果穿过耳边发丝的寒风能带着淡淡山花清香，如果有一路的温泉能融化厚厚的积雪，那该多好！

想着想着，我的眼睛湿润了。

见我这样动容，你"扑哧"一笑，安慰我道："此心安处是吾乡，放下才是归程，这次回不成，以后还有机会呢！"

这段话，顿时让我心里能量满满。

就像不完美才是人生的真实构成那样，时隔半年，你就远走异国他乡，我们从此天各一方。

送别你的那一夜，雨一直淅沥沥地下，让我们在那片灰色建筑群中，忘了现实……

那温暖的夜火，杯盏盈芳的香茗，还有那午夜香甜的茶点，以及那伏在夜风翅膀上断断续续的 K 歌声……在每个人的心中最柔之处掀起阵阵温馨，让我们一次次为这奇异的雨夜感动。

十几年过去，当我们又一次打开视频相见时，几乎同时都想到这一幕往事，那种氛围，遗憾而又沉醉。

我问道："你曾安慰我，此心安处是吾乡，那你在国外过得好吗？"

你没有答，只是甩甩秀发，晃动着身子，敷衍地笑了笑。

"你知道吗？"我认真地望着她，"当樱花在等风时，故乡也在等我们啊……"

是啊！尽管故乡还是乍暖还寒，还是草色遥看近却无，但每个匆匆离别的人仍能感受春天草长莺飞、花香鸟语的隆隆脚步……

也许吧，有些精灵是关不住的，因它的每一片羽毛都闪着自由之光。

我只希望，当你归来时，依然还是那个翩翩少年……


# 解压的方式各有千秋

每当夜深人静时，我就会打开手机音乐，戴上耳机听歌。

她那圆润、低沉、热烈而天籁般的声音，常常直达我心底，让我含笑中泪流满面……

我也喜欢听塞西莉亚·芭托莉的歌。

聆听塞西莉亚·芭托莉的歌，简直是我一天中莫大的享受。她就有这种魔力，能用那天使般的、带有温柔挣扎和深情感恩的颤音，让你的心灵在一瞬间变得圣洁、干净而温馨。

记得曾有位大师对芭托莉说："你知道吗？我感到活在这世界上真幸福，因为我们能聆听到你那上天才有的声音……"

我也有同感，不仅是因为芭托莉能引爆共鸣的声音，更是歌者内心释放的思想和品位，像一束光，将我内心一切浑浊照亮……

其实，每个人身边都有能令你慰藉的精神温泉，稍一留意，便会发现时刻都有成千上万鼓励的手臂森林向你飞来……

朋友小靳告诉我，心有郁结时，他会跑去看海或看湖。

他说："如果你想让心灵回到精神的故乡，就找一个僻静处比如海边或湖边独处。古希腊哲人说得好：'事物对于你就是它向你呈现的样子，对于我就是它向我呈现的样子。'它会让你陶醉在其中。"

还有一次，小靳为了缓解工作的劳累，放下手中的活，与几个朋友相约，去迪拜冲沙。

他在朋友圈说，在粒粒金黄的沙漠上开着越野车，在飙车的呐喊声中，证明自己；让心灵在猎猎风中撼动，挥霍自己，你定会收获意想不到的快乐。

那年冬天，当我身心俱疲时，小靳还特地邀我在广州听了一场新年音乐会，共同祈愿新年。

当晚，为我们演出的是顶级乐团爱乐乐团。

一场120分钟的饕餮音乐盛宴，既有罗西尼、威尔第、普契尼三位意大利歌剧大师的代表作，也有四位男女歌唱家共同演唱的《我爱你中国》、演奏者与观众合唱的《第二圆舞曲》，以及全世界都喜爱的歌《今夜无人入睡》。

随着音乐的跌宕起伏，我仿佛感受到那蔚蓝色的浪漫，那海天一色的柔情，那艳阳高照的自然纯美，以及真挚的情怀，在耳边回荡、在眼前升腾。

一时间，掌声歌声雷动，我的身心获得莫大的放松，也让我对新年有了更美好的期待。

小靳告诉我："累了、苦了、抑郁了，就去干点儿其他的，最后就会明白，原来一切不过如此。"


# 人真的需要自然点化

在网上看到一个帖子："带着最初的激情，带着最初的梦想，让我们星期天一起出城吧……"这个人叫州州。

很快，他的身边就聚集了包括我在内的五六个粉丝。

没有主题，也没问为什么，更没问要去哪儿。也许，一丝快乐的经历再添加一丝未知，就是我们前进的动力；如果在乎的是目的地，那还有什么意义呢？

那天晚上，月亮很圆很圆。

州州开着车，载着我们，疾驰了100多公里，一行人去了一处新发现的原始森林。

月光从高大的松树上温柔地洒下来，一个个鲜活的生命相继跳出来，与我们交谈关于秋天的看法，她们是蓝羊茅、血草、风雨兰、三色堇、鼠尾草，还有用白色火焰遍野散播柔情的芦花们。

我们久久驻足，久久难忘……

我们注意到，在最后一刻绽放的一朵小花，依然在夜风中翩然起舞，向我们特别制造着浪漫，仿佛在说：不要被欲望拖累了自己，快乐才是最重要的。

大自然能影响我们的大脑，让我们的身体分泌出一些有益于健康的激素和酶，就能顿感身心放松，舒心爽志。

州州打开手机，播放了一段《月夜森林》，我们很快就被那静美和梦幻的旋律包围。如果一个季节最像童话，那一定是从月夜开始的。

当晚，我们住在附近的树屋民宿里。

我们关掉手机，坐在柔和的灯下，世界仿佛一下子安静了许多，可那窸窣的抚竹、冷声的蟋蟀、招摇的灯笼，以及串来串去的清风们，依然披挂银光，组团在夜间荡漾，让每个人的心直泛涟漪。

此时，一杯难咽的苦茶，带丝丝甜味；一堆路上剩下来零食，让我们味觉大开。

州州说，不要因城市的高压而让自己忧虑不堪，一旦你的意志受到侵蚀，即使再强大的人，也无法忍受。要想摆脱掉这些，就需接受自然的点化。

# 愿你在独闯的日子里不再孤单

很多人远离妻子儿女，窝在大都市打工。

周末到了，这群人不能与家人团聚，只能骑着单车或坐公交去海边坐坐，这样久了，就会觉得生活单调。

朋友希希也是一个离家在大都市打拼的人，周末的时候，他喜欢开车带着我们去附近的山上玩。

那天，我们开车去了一个叫龙谷的地方。

一幢幢带有日式禅味的建筑，以不打扰自然的姿态，从山林里悄然长出来，它们亮着温暖的灯火，响着古筝雅韵，既清高、简素，又自然、平和，给人太多的感悟……

大家发现，只有走出工作的城市，才能实现真正的放松，继而找到心灵的归宿。

在山谷里，我们遇到了另一个朋友优，他不是单身，却是一个驴友。

在他的带领下，我们在一个周末倒了几趟高铁，去了一个偏远的小山村。

这里的景不多，几处参差不齐的农舍已改成客栈；一条水质泛黄穿村而过的古老河流，在时而和缓时而湍急地流淌着；

还有一片毫无生机但依然被群山环绕的农田，正在等待难熬的冬季过去……

在这个小山村，我们摘菜、担水、砍柴、做饭，每个人都有一种"家"的感觉。

这里还留足了我们与自然对话的空间，或倚门回首，或席地而坐，或静听虫鸣……

不过，这里更适合读书，或伴着午后的暖阳，或伴着山风呼啸的寂寞夜晚……只要你愿意坐下来读一本书，就能让你的心灵变得更加自由……

优见我们一副满足的神态，说："这就好啦，到了周末，只要在路上，只要有一个美好的去处，就能真切地感到'此心安处是我家'。"

他还说，希望我们能一直如少年，看透不美好却相信有美好，愿时光能缓，愿大家独闯的日子里不再孤单。

# 能像风一样多好

风很普通，并不是奢侈之物。

但我喜欢在风中游思。

不管是站在妖娆的都市窗口畅想，还是站在郊外沉静的酒店客栈门前冥思，总能体会到被风掀起的一种贵族质感——风吹荷浪、面朝蔚蓝、春暖花开……

记得那一年，我在皖城。

走进皖城的那一刻，我就感受到了一阵千年的风吹过来。

原来，风正在用皖城门前的雕像——《孔雀东南飞》的故事点化我的内心。

《孔雀东南飞》是中国文学史上第一部长篇叙事诗，也是乐府诗发展史上的高峰之作，与北朝的《木兰诗》一起被称为"乐府双璧"。

《孔雀东南飞》取材于东汉献帝年间发生在庐江郡（今安徽怀宁、潜山一带）的一桩婚姻悲剧。故事主要讲述了焦仲卿、刘兰芝夫妇被迫分离并双双自杀的故事，控诉了封建礼教的残酷无情，歌颂了焦刘夫妇的真挚感情和反抗精神。

我感叹完美的爱情被世俗禁锢，被礼教肢解。可值得欣慰的是，那被现实打败的凄美爱情，最后双双化为鸳鸯，比翼在松柏梧桐的连理枝上。

悲者终于欢，离者终于合，爱情也许就是一个人的精神素质，你越向纯的方面追求，它就越神圣。

后来，这风带着我去了江南，来到了史上最富庶的宋城。

宋城位于浙江省杭州市，是杭州第一个大型人造主题公园。

宋城以"建筑为形，文化为魂"为经营理念，仿宋代风格建造，主体建筑依据北宋画家张择端的长卷《清明上河图》而建，并按照宋书《营造法式》建造，还原了宋代都市风貌，有怪街、仙山、市井街、宋城河、千年古樟等景点，打铁铺、榨油坊、酒坊等七十二行老作坊等。

往事让人浮想，如果有一天，我能像风一样，不需要任何外在的赞美和认可，依然坚信自己有强大动力；不需要任何挫败和打击，依然对人间的苦难心怀柔软，也就具备了一种风的气质——英雄侠胆又万般柔情……

# 幸福快乐是一种能力

你幸福吗？

多数人都不知道如何回答。

其实，人生有许多无奈，无论你将人生的积木搭得多好，最后还是会默默消失，最终你将一无所有。

幸福跟拥有多少无关。

容易满足，就会时时带着坦诚的笑容。因为以物质赌幸福，幸福来得轻松却不快乐；以幸福赌物质，物质来得虽不易，却会让人刻骨铭心……

那么，怎样才能获得快乐和幸福呢？

其实，幸福快乐是我们在"浮世"中的一种能力。

人本来就简单，把大富大贵和争权夺利作为乐趣，不仅枯燥乏味，还饮鸩止渴；把生活中的小事当成乐趣，不仅其乐融融，似乎每天也没白活。

# 不同频就不知他有多痛

你未与他同频，永远不知道他有多痛。

在我上一年级的时候，同学娇经常被班主任树为反面典型，因为她非常爱哭，迟到哭、考不好哭，冬天天冷哭、夏天天热也哭，见到小蚊虫哭、看到老鼠也哭……哭对她而言就是家常便饭。

班主任时不时地就会将娇叫到办公室训话："你这些算啥呀？你不能做巨婴啊！你瞧瞧某某女同学家在农村，家里条件比你差多了，她就比你坚强，比你勇敢！嗯，还有，想当年我……"

似乎只要通过对比，对方的痛苦就会变得不值一提。

这种比惨逻辑，很容易让人感受到不被理解的痛苦。

后来，学校将娇的母亲叫到学校，母亲没有一句责骂，轻轻地把女儿拥入怀中。

娇顿时停止了哭泣。

原来，母亲40多岁才生了娇，她出生不久父亲就因病去世了。娇从小就体弱多病，胆小，还患有过敏症。

朋友老车是个"鞋控"，他家有一间屋子专门摆放他的鞋子，皮鞋、运动鞋、拖鞋、棉鞋、雪地靴等。

我问他，你为什么买这么多鞋？

他说，小时候跟奶奶在农村生活。奶奶每年都会给他做两双鞋，冬夏各一双，后来奶奶年纪大了，眼睛花了，做不了鞋子了，他没鞋穿了，即使是冬天，他还会穿一双露脚趾头的单鞋。

那年冬天，车顶着刺骨的寒风，穿着一双破旧的单鞋，走了10多里山路，去镇上找妈妈，他想让妈妈帮他买一双棉鞋。妈妈与奶奶关系不好，对他也不太好，说："你这算啥呦？还有人冬天没鞋穿，赤脚在雪地上走呢！"

这种比惨的安慰，让车感受到了无依无靠的心酸。

这情景在他心里留下了很深的阴影，他长大了有钱了，就成了一名"鞋控"。

邻居家有个花季女孩，叫晓琦，大二时失恋了，就给妈妈打电话倾诉，却被妈妈一顿大骂："喂，你这算啥呢？你也太没骨气、太脆弱了吧？想当年，你妈妈也失恋过，我也没像你这样哭哭啼啼！"

晓琦解释说："我就是想得到一点儿安慰。"

"这有什么好安慰的？"妈妈立即给顶回去了，"好像世界上只有你谈过恋爱似的！"

自此，晓琦再也不与妈妈打电话交心了。

她说，处在人生低谷，我只想倾诉一下，找一个情绪出口。如果能从父母那里找到救赎，谁又会傻傻地去独自挣扎、煎熬，既然父母不理解、不接纳，还不如一个人疗伤呢！

老师曾对我说过一句话："世界上本没有感同身受，针不扎在自己的身上谁能知道痛呢？"

所以，不要用比惨的方式贬低别人的痛苦。

老朋友孟人到中年，却遭遇了离婚、离职、病痛、经济压力、亲朋背离，唯一的女儿在国外工作，也对他不理不睬。

有时夜深人静，孟会给女儿发很多挂念的文字。

女儿或不回或只回几个字敷衍了事。

一天，无人倾诉的孟去跟好朋友邵倾诉。

邵说："这有什么大不了的，社会上比你痛的人多了去了！"

这句话一下子戳中了孟的痛点，他原本想倾诉一下释放压力，没想到自己的痛并不被别人理解。

在邵的比惨式安慰下，自己完全就像是一个挂拐杖的精神乞丐。

人，很难遇到真正懂得自己的人。

鲁迅在《而已集》中说，人类的悲欢并不相通，我只觉得他们吵闹。

也就是说，人们都沉溺于自己的生活，人与人之间的悲欢是独立的、断裂的，多数人都对别人的痛报以冷漠态度。

如果真想帮到朋友，就需明白：

1. 学会共情

没有共情能力的人就像色盲，特别是在激烈的社会角逐和生活高压下。

没经历过苦，就很难与别人感同身受，总以为自己的价值观就是所有人的价值观，总以为自己的感受可以代表所有人。只有学会共情，你才能触摸到别人心底的柔软。

因为慈悲，你与世界共融共生的能力也会得到提升，成为一个情商高、受人喜爱与温暖的人。

2. 不带评判

推己及人，才是一个人最高贵的教养！面对倾诉者，不要责备他人的痛，因为我们不是道德的制定者，更没有权利去评价他人。这个世界并不是非黑即白，任何事情都可以多元看待，比如对待孩子。

大家都明白，天底下没有不爱孩子的父母，却不是每一对父母都能懂孩子。试问：身为父母，你是否尊重孩子是独立的个体？是否在心底承认与孩子的地位是平等的？是否懂得孩子情绪背后的心思？

3. 不要自恋或逃避

如果你无比自恋，认为自己的痛苦才是痛苦，对于别人的痛苦却不屑一顾，就无法理解倾诉者；

如果你从小就被父母忽视，习惯了悲伤，对倾诉者的痛，也就只能报以冷漠；

如果你觉得听了别人的诉说，自己化解的智慧不够，可能就会用逃避或不回应等方式来保护自己。

4. 不要有过高期望

南宋方岳在《别子才司令》诗中云："不如意事常八九，可与语人无二三。"作为倾诉者，不要一味地希望所有人都能懂你，即使你崩溃的理由很充分，但在别人看来也可能是小题大做，他们只充当看客或"法官"；你更不要摆出一副穷途末路的样子，因为人性是趋利避害的，多数人只会欣赏你从深沟里爬出来的风采，很少有人愿意看到你坠入深渊时的绝望。

5. 做好情绪的输出

要防止情绪转化为焦虑，并蔓延到整个生活中。

弗洛伊德说："未被表达的情绪永远都不会消失，它们只是被活埋了，有朝一日会以更丑恶的方式爆发出来。"

其实，我们喊出的痛更多的是一种情绪的输出，所以，面对情绪，不要筑坝，不要执着，不要压制；要多一点耐心，通过同频共振，让情绪温柔地流出。

6. 不必强求

很多人都想找个久谈不厌、相处不累的人，可是很多人找遍了朋友圈，依然无法找到知音。

三观不合，不必同行！只有频率相同的人，才能知你、懂你、在乎你；频率不同的人，执意与对方相融，他就会觉得你像一个未断奶的孩子，单纯无知，最后受伤的还是你自己。

这就是所谓的"知我者谓我心忧，不知我者谓我何求"吧。

庄子说："井蛙不可以语于海者，拘于虚也；夏虫不可以语于冰者，笃于时也；曲士不可以语于道者，束于教也。"所以，要想做好自己，就要做一个有自知之明的人，不要在不懂你的人身上浪费时间，要将你身上那与众不同的棱角，打造成你最强大的个性盔甲。

月遇从云，花遇和风；当你不再被人生赋予沉重时，就会发现，原来，生活可以更加轻松、更加愉悦。

# 八、与不确定性共舞，变不可能为可能

# 人生尽是奇遇

天已黑了，在农场参加同学会的人都四散而去。

成浩吐着酒气，独自待在空荡荡的礼堂里，坐在会议桌旁，托着腮整理着心情。

毕业十年了，全班只有他与小斑雀是婚姻"困难户"。

大家都想将他与小斑雀凑在一起，小斑雀却未到场。

成浩对大家说："我没有女朋友，你们也不能乱点鸳鸯谱嘛，毕竟小斑雀自尊心特强，只能远看不能靠近的那种。"

"哈哈，那就随缘吧！"

农场里静寂无比，黑暗似乎吞没了整个天空，到处黑漆漆的，什么东西也看不见。

呜，这种鬼地方，早该走了，越远越好。

蓦地，一个从天而降的黑影挡在了成浩的面前，又好像有人在成浩的肩膀拍了一下。

成浩心中一惊，然后定睛一瞧，原来是一只野猫从窗户上窜了过来。

成浩全身冰凉，穿过农场黑暗的浓荫，拼命向公共汽车站跑，一口气都不想歇，跑到了最近的公交站。

成浩靠在公交站牌下，大口地喘息着，阴冷的夜风不停地袭扰着他，让他变得狼狈不堪。

他抬手看看腕表，"好险！差 1 分钟最后一趟车就要开走了。"

"吱溜！"成浩终于等来了救命似的公交车。

车刚停稳，成浩就冲了上去。

车内一片漆黑。

"怎么是空车？人都去哪儿了？"

开车的是一个头发花白的老师傅。他怪异地回头瞪了成浩一眼，阴阴地咳了一声，说道："难道你不是人吗？"说罢，呼啦关上门，脚踩油门，驱动着大车箭一般地射向黑夜。

成浩吓得无话可说，靠着就近的座位坐下。

哎呀，不对呀！这车是向哪开呀，到处是荒郊野岭，连个路灯都没有。

怎么越来越不像是去我家的方向呢？

"师傅，师傅，这车是开往皇家花园的吗？"成浩警觉地喊道。

老师傅没说话，继续开。

"停车！停车！"

"我要下车！"

成浩着急上火地从座位上站起来，要冲上前与师傅理论。

忽然有一只手，按住了成浩。

"你？你是谁？"成浩惊异地大叫。

"怎么？连我都认不出啦？"

"你是？——"

"小斑雀呀——"对方嘻嘻一笑。从车窗透过来的细碎的光中，一对细长的桃花眼充盈着风情。

"小斑雀？你真是小斑雀？"成浩大呼。

"嘘——小声点，好不好？"对方露出一丝冷笑，将他按在身旁的座位上坐下。

哇，真是小斑雀，成浩看清了小斑雀在黑暗中的那对标志性的小虎牙。

"你怎么在这儿？"成浩忙问。

"我从远方来！"小斑雀小声地说。

"那你，去哪？"

"回家。"小斑雀闪了一下冰眸子。

"要我送吗？"成浩问。

"那好吧！"小斑雀答道。

"皇家花园到了！"开车师傅大声地喊。

车厢灯大亮。

哇，原来他们坐的是大巴，满满的一车人！

更让成浩惊奇的是，全班同学都在。


# 至暗时刻，如何才能走出情绪黑洞


朋友吴的公司倒闭了，找了很久，也没有找到合适的工作，最后，只能赋闲在家。

房贷、车贷等压力接踵而至，令人想不到的是，本来喜欢唉声叹气的他，却像换了一个人似的，呈现出精神饱满、乐观开朗的状态。

我问他，状态为什么会变这么好？是不是中了彩票了？

他笑了笑说，他一直在补充精神能量。

见我不解，吴说，恐惧、焦虑、担心等只会将人的生命状态拖向黑暗的深渊，只有调整身心，进入内求状态，补充精神能量，不急、不怨、不怕、不愁，光明的力量才会充盈自己。自己光明了，根据吸引力法则，好运就会慢慢到来。

果然，吴不久就找到一份满意的工作。

在至暗时刻，如果用大脑去思考问题，就易走进死胡同。只有用高层次的智慧思维来思考问题，才能补充你的精神能量，吸引好运到来。那么，怎样补充精神能量呢？

1. 让心静下来

人生艰难处，恰是修心时！既然暂时改变不了困境，那就按下暂停键吧！放下一切妄想、杂念、分别心，直到把自己的心真正"放空"，才能打开心灵开关。同时，还要放下一切自我认为的可行的经验、观念、思想等，将无法自拔的纠结和负面情绪，心甘情愿地交出来。静心、虚无不仅能最大限度地减少生命能量的耗费，还能提高自己与自然的共融能力，最终达到天人合一的境界。

2. 微笑

每个人都拥有一种改变能量的神秘超能力，那就是微笑。因为你的每一个微笑都具有正向力量。

3. 阅读和听音乐

阅读是自我教育的过程，能积蓄发展潜在能量。

音乐被公认为"心灵鸡汤"，好的音乐能抚慰你的心灵，让你能量满满。

4. 旅行

游山玩水是生活必不可少的一部分，个人通过旅行，可以在大自然中采天地灵气，吸日月精华，疗愈身心。所以，永远都不要只停留在自己的小世界中，要学会见自己、见众生、见天地。

5. 做自己喜欢的事

比如，奉献爱心、运动、唱歌、写作、画画、遛狗、种菜养花、与孩子们在一起，以及与积极向上乐观的人在一起……慢慢地，你会发现，它们会牵引你走出负面情绪的层层围剿，击退负面意识对你的魔化，收获出乎意料的惊喜。

只要相信，一切的至暗时刻终将过去。

# 认知变了，好运也就到了

生活中不仅有甲乙选项，还有丙选项，打破固有的思维限制，遇到的问题或许就会迎来曙光。你的认知变了，好运也就到了。

在生活中，多数人喜欢用非黑即白的思维去看待问题，不是好人，就是坏人，要么全盘肯定，要么全盘否定……这种偏执的黑白思维，不仅不会带来共赢、共存的和谐空间，反而会将你人生中的每个问题，挤压成一个个无法逾越的困境。

为什么这么说呢？这种思维方式看似"很有力量"，其实迷惑性很强，是一种典型的"二选一"的思维模式，如果不能及时认知它、戳穿它，任其蔓延，就会对你的价值观造成毁灭性影响。

一旦价值观被扭曲，你只能判断事物的局部；你会逃避思考、恐惧思考、自以为是、孤陋寡闻、视野窄小和坐井观天；解决问题的方式，也简单粗暴、情绪化，容易走入极端。

这是一种懒惰的思维方式，在这种思维方式下，人们很容易变成杀伐决断的"独裁者"，甚至听任别人将自己变成完美主义的同盟或同谋。

其实，黑白之间，有成千上万的色差；高山之间，有相连的平地。再如，不幸离婚的人，分手后不一定非要做仇人。为何还要用非黑即白的思维去界定呢？

古希腊哲学家埃皮克特图斯认为："人们不是被事物干扰，而是被他们对事物的看法所干扰。"任由非黑即白主宰你的思维，就会扭曲对世界的看法，继而陷入人生的各种困境，迷茫而不能自拔。

当然，要想改变这一点并不难，只要三步就能搞定。

1. 不要放弃主动思考的能力

我们不能成为思想上的懒惰者，更不能抱定偏执的思维来思考问题。被誉为"积极思考的救星"的美国作家诺曼·文生·皮尔曾说过："要成为'可能主义者'，无论你的人生看起来多黑暗，请拉高你的视野，看看有什么可能性，你总会看到可能性，因为它们一直都在。"

2. 通过"第三选择"或灰度思考来认识世界

生活是由未知构成，人类的悲欢并不相通，有时候我们看似生活在同一个屋檐下，看见的却不一定是同一个世界，所以，不能用简单的黑白思维和认知去看待问题，对别人进行道德上的审判。

在这世上，没有纯粹的好人和坏人，好人会做坏事，坏人也会做好事，特别是亲朋好友之间，更不能有非黑即白的评判。因为没有人一定会在风雪夜里去接你，没有人一定要读懂你的心，这就是人性！只有告别这种黑白的简化思维，才能学会理解，才能减少烦恼，学会尊重并接受人性的灰度。

### 3. 不要执着于"完美"

金无足赤，人无完人！不要通过放大别人的缺点去屏蔽别人的优点，要抱有豁达的心态。比如，生活中，并不是只要付出了就能获得相应的回报；每个人的生存环境、能力、经历等也不一样，不一定都能契合你的所思所想，不能按你的标准模板去裁剪。

再如，并不是每个孩子都是品学兼优的。很多父母都"望子成龙"，这本身就是一种思维缺陷和自卑心态。父母自己不完美，却要求孩子完美无缺，不仅会给孩子带来巨大压力，也会给自己带来教育的挫败感。

总之，我们都不是完美的人，若要改变黑白思维，就要学会承认人与人的差距，承认不完美才是常态。只有放下对别人的苛求，抛弃思维上的执念和固化，才会迎来人生中的各种好运。

# 人要独立思考，不要被喂养

独立思考是时下缺乏的一种思维方式，特别是在信息爆炸的时代，如果想成为人生的主人，就要学会深度思考、独立思考和理性思考。

朋友楠自从加入一个聊天群后，就成了无脑生物，喜欢人云亦云。

有一次，楠被一个媒体大 V 忽悠买减肥药，吃后一月没效果，要求退款，对方说同意退款，但只有买够了一定量才能全额退款。结果，她又被骗了 1 万多。

楠立刻报警，民警问她，为什么那么容易相信别人呢？

楠说，我当然是抱着侥幸的心理，想要回我的钱。

民警无奈摇头。

因是自愿购买，警方也没办法帮她要回钱，她带着极大的屈辱和愤怒退出了群。

一个多月后，卖减肥药的大 V 突然又要加她微信，告诉她："经向高层申请，现在可以全额退款了……"

楠再次相信了那人，结果，不但款未退成，又折损 5000 元。

小伙伴强说，由于偏听偏信，父母关系崩裂、父子反目。

大一那年，老妈多次跟他说老爸在外有人了，还说："现在都是为你好，我要与你老爸离婚，我不想让家中的财产被别人分了！"

强不假思索地站在老妈这边，成为老妈离婚的坚决支持者。其间，老爸多次请他从中开导老妈，不要那么冲动，

强却置之不理，直到老爸无奈地被迫"净身出门"。

大学毕业那年，孤单的老妈开车来接他，无意中感叹道："离婚后才发现你老爸其实是天底下对我最好的人啊！"

强没说话。

老妈叹息道："现在想想，你老爸也没有想象的那么坏，都是我听信闺蜜和身边几位收费律师怂恿的结果。"

老妈接着数落道："你说你，当初怎么连一句劝和的话都没有呢？唉，哪家孩子喜欢父母离婚呢？就你这个傻儿子才会这样！"

了解了经过后，强后悔莫及。如今老爸已抱病远走他乡，一切都覆水难收，过去与父母那其乐融融的氛围，再也找不回了。

在一个私人聚会上，我认识了人到中年的朋友米。

酒过三巡，米告诉大家，他就是因为过于相信一些事情，比如，他相信

爱情的"纯洁"，结果自己长达十几年的婚姻悄然破裂；后来，虽然像抓救命草似的匆忙再婚，依然感到不幸福。

比如，米相信朋友的真诚，却结交了一堆烂朋友，在自己公司倒闭时，这帮打得火热的朋友却一个个消失不见。比如，在职场上过于相信交浅言深的同事，在升职加薪上，给他挖了个大"坑"。

最让他感到痛心不已的是，他相信对父母的责任，父母却明里暗里偏心其他兄妹。受他帮助最多的姐姐，看到他公司倒闭很难"咸鱼翻身"，竟然找借口将他踢出了"大家庭"聊天群，那架势是要与他划清界限……

听了米的诉说，大家沉默了很久。

生活中诸如此类的事多如牛毛，原因就在于太"相信"这个世界。

那么，怎样成为一个具有独立思考的人呢？

1.不要轻信聊天群朋友圈

很多人不喜欢独立思考，喜欢被各种信息喂养，最大的信息来源就是朋友圈和各种聊天群，然后不分青红皂白地为其中一方摇旗呐喊。

殊不知，这里面早就被勾兑了形形色色的欲望、功利和目的……它其实是最容易让你受骗上当的地方。特别是一些鸡汤文，表面上让你顿悟了人生、参透了生死，其实都是文字游戏。与其这样，不如远离这些无效的社交圈。

2.不要过度迷信书本、专家和亲人的话

孟子曰："尽信书，不如无书。"亚里士多德说："我爱我师，我更爱真理。"

时下，个别自媒体、大V和学术权威，偏离了公正和本质，而没有主见的人喜欢人云亦云、随波逐流，这本身就是一种思维的缺陷。

亲人在"为你好"的包装下，要你怎样怎样，可能是自我虚荣的满足和情绪在作怪，过度地遵从，就会被误导，甚至贻误终生。

3. 不要过度迷"情"，解决问题要靠自己

我们要永远相信爱情，但不要相信爱情能永远，爱情本来就是精神上的，离开了精神层面，那就是生活；我们要永远相信亲情，并肩负责任和义务，但一定要认清"力微休负重，言轻莫劝人；无钱休入众，遭难莫寻亲"的现实。

这世上有两样东西不可直视，一是太阳，二是人心。要相信友情，也应保有足够的警惕。当友情离开同频的信仰层面后，就是相互利用；我们永远要尊重职场上的同事，但必须清醒地知道：职场上相互竞争的同事，成为朋友的概率确实很小。

4. 要广泛学习

乔布斯在斯坦福大学演讲时讲过一句话：保持饥饿。

保持饥饿就是，要多元化学习，终身学习。

广泛地学习，才能打开独立思考的翅膀，丢掉身上固化的"锚"；

与时俱进地学习，才能飞越不思考、不质疑的"舒适区"，走出惯性思维、"非黑即白"的认知，带着"灰度思维"去观察到更为真实的世界。

带着思考学习，才能面对外界的一些固念、执念，学会质疑，分辨是非，拒绝无脑、告别盲从，才能走出平庸，成为一名拥有广泛知识与自我认知的智者。

凡事要独立思考，只有做自己的主人，才能改变自己，从而改变世界。

# 放弃执念，与生活共舞

放弃执念，才能进入生活的顺境，与天地万物融为一体。

其实，执念就隐藏在我们生活中，会在不知不觉中绑架你。

街坊周奶奶，退休已有十多年，退休金只习惯用存折。为了方便，女儿帮她下载了微信，绑定了银行卡，她就是不用，也不屑一顾。女儿说："国外 70 多岁还竞选总统呢，你不到 70 岁，就这么顽固？"可谁劝跟谁急！在疫情期间，周奶奶可遭了大罪，扫不了健康宝，连买菜都出不了门。总算出了门时，她又开始为取钱发愁。

同事萱是个善良、内敛的女孩，在网上认识了一个会甜言蜜语、高大儒雅的帅哥。那人自称是安全部门的，单位保密、住址保密、交往保密、朋友圈保密。交往后，男友隔三岔五发微信说在外执行任务，让萱往他卡上打钱，开始几百元、几千元，最后要几万元。同事们提醒她，这人可能是骗子。萱反驳道，你们是不是在羡慕嫉妒恨啊？

直到钱被骗光，男友彻底失踪，她才醒悟。

熊说自己人到中年依然一事无成，感到很懊恼！他已经换了十几家公司，每次都是因为和上司不合选择离职，他觉得上司是无能之辈，每次接受任务时，他都会按照自己的想法和性子来，有人提醒他得改一改，不要那么偏执。他却说，我老婆和丈母娘那才叫偏执呢！

原来他老婆继承了丈母娘喜欢存钱的传统，起初无论谁劝她买房，她都不买，结果房价越来越高，想买又不甘心，至今一家人还在租房子住。

他丈母娘更强势，凡事专制，说一不二。据说二十年前，老丈人曾应聘到南方一家企业担任高管，却被丈母娘力挽狂澜地阻拦，她张牙舞爪骂娘，还以离婚为要挟。后来，那家企业成功上市，高管年薪百万，而被迫守着铁饭碗的老丈人依然在一家国企上班，郁郁不得志，没多久公司也被重组了。

关于执念的例子在我们身边实在太多。应该说，每个人都有执念，只是程度不同而已。

执念很危险，不经常自省加以防范，不摧毁执念的苗头，不仅会对自己造成伤害，还会伤害周围的人，让别人跟着你一道沦陷。那么，怎样去防范执念呢？

为了解答这个问题，我专门拜访了一位德高望重的智者，他是这样为我们支招的：

1. 当你停止了学习时，就会心有执念

著名的科幻作家阿瑟·克拉克的墓志铭是："阿瑟·克拉克在这里长眠，他从未长大，但从未停止成长。"当今世界，新理念、新事物、新业态如天上繁星，关闭了学习的阀门，就会自绝于信息孤岛，思想也就停止了成长。所以，

只有通过学习，才能打破自我狭隘的偏见；

只有通过学习，才能长出与世界连通的触角；

只有通过学习，才能开阔视野，获得更多的真知卓见；

只有通过学习，思维认知才能进入更高层次；

只有通过学习，才能不被时代淘汰，打赢自己的人生。

2. 当你自以为是时，就会心有执念

《塔木德》中有这样一句话："不要自以为是，直到死的那一天！"人性最大的愚蠢，就是自以为是。其实，这是一种被包裹的自卑感。

奥地利精神病学家阿德勒说："它是凭借虚假的优越条件表现优越感，以掩饰自卑感的神经症倾向。"比如：有强烈自卑感的人，会排斥比自己强大的人，他只愿意与比自己弱小的、受自己支配的人交往，因为这样他才能更好获得优越感，消除内心的自卑感。

在工作和日常生活中，我们也会见到这样的"傲娇"君。他们自私、有控制欲，总想通过"傲娇"来补自己的短板。

再如，有些人跟不上时代，只能用虚构的自己来彰显优越；他们处处都想表现自己，认为这个世界是以自己为中心的，试图以不变应万变；他们目空一切，就像盲人摸象那样想当然……

其实，这是一种由自卑转向自傲的心理疾患，这种人永远看不到自己的缺点，他们专给别人挑刺，然后进行自我欺骗，甚至自我膨胀。

3.对爱情越执着，越容易被骗

有的人总是认为爱情是美好的，以为灰姑娘终能遇上王子，喜欢在自己虚构的童话中深深地陶醉，甚至听不进亲朋好友的善意提醒。

其实，爱情坎坷，婚姻不幸，执念是元凶！一个人为情所困，归根结底是太在意自己的执念，他们抵挡不住甜言蜜语的诱惑，或为了虚荣，或为了叛逆逞强等，甚至面对骗子生出"唯我才能拯救你"的母爱泛滥情结，直到牢牢地被人掌控，直到被骗得尊严尽失，情伤一生。

4.拒绝接纳时，要防执念

心理学家认为，人潜意识容易对陌生的人或事持有偏见。有时候，不是我们做不到，而是我们一开始就对新生事物感到排斥。

有位职业培训的老师感叹说，她给成年人讲课时，发现各种"奇葩"都有。

有人顽固不化，不愿意接受新理念，喜欢待在舒适区，愿意用习惯思维；

有人放不下面子，嘴上谦虚，心里却自高自傲，恨不得冲上讲台来给老师讲课；

有的人思维僵化，胆小怕事，认为自己的经验已经够用，怕创新、怕试错；

……

其实，不排斥新事物，你或许有成功的可能。而不论你是谁，将自己孤立在世界之外，都是不可取的。

5. 有年代感时，就要防执念

代沟与年龄无关。画家吴冠中说："代沟不是以时代来划分的，而是以思想来划分的。"

有时候，你会发现，同一个代人，即使是同事、同学、亲友，如果有人思想迂腐、观念落后，也聊不到一块儿；有时对方的见解还会拉低你的思想，影响你的判断能力。

所以，时代越发展，越要防执念。它无关年龄，无关你的认知水平，无关你是否心静如水，无关你是否睿智。

年龄越大越不能关闭心门，越不能站在世界之外，越要勇于打破旧的、固化的、传统的思维，越要接纳、拥抱这个世界。人活着，要有一种与时俱进的积极心态，心若不老，岁月又奈我如何？

雨果曾经说过："谁虚度了年华，青春就会褪色。"

总之，无论老少，我们都要学会接受，学会聆听，懂得改变自己。

# 九、懂得释怀，就能站在心灵的最高处

# 放下仇恨，你才会改变

一幢徽派建筑、白墙黛瓦的六层建筑，矗立在宁静的深山里。

这幢小楼背靠青山，面朝小河，周围是青草依依、鸟语花香，就像一个洋气的姑娘，妩媚又吸引眼球。

这是老宋辞职后，在老家开的一家民宿。

让人们想不到的，这个民宿有着超强的生命力，成了一家网红店。

老宋意识到，现代人不缺网上聊天，但面对面的聊越来越少，他要用一己之力加以改变。于是，他就在一楼，设置了茶座，住宿的人可以免费喝茶聊天。但喝茶有一个条件，就是不准带手机，大家围坐在一起，沐浴着清爽的晚风，仰望星空，听听虫鸣鸟叫，闻闻花香，不谈国事，聊聊家常，聊聊人生，将所有的压力都抛之脑后。

那天，赶上放假，我打算在民宿住一晚，结果一到这里，就爱上了，连续住了好几晚。

除了环境、卫生、饮食、服务等都无可挑剔外，最吸引我的就是，大家可以在一起拉家常，一般都是老宋主讲，用自己悟的小道理来解释大人生。

有个做生意的中年人，愁眉苦脸，老宋见到后，边喝茶边开导他："你不就是想发财吗？其实，人的一生吧，你怎么想、怎么期待，就有怎样的人生。"

中年人摇头道："这些道理我都懂。"

老宋道："想要发财，一定要有好心情。心情虽不是人生的全部，却能左右人生，好心情能塑造最出色的自己，别让人生输给了心情！"

经过劝导，中年人轻松了很多。

有一个开着跑车的小伙子，喝一口茶叹一口气，他对老宋说自己什么都有，却一点也不快乐，他感觉自己的人生越走越窄，索然无味。

老宋笑道："物质只是基础，你的快乐取决于自己，你对生活什么态度，生活就对你什么态度。说白了，当你忘了现在的一切时，你就站在了生活的最高处；当你忘记成功，也不在意失败时，你就站在了生命的最高处；当你释怀地对待一切时，你就站在了心灵的最高处。"

老宋还遇到过一个"怨妇"，口口声声说周围没一个人是好人。

老宋安慰她："如果你只认为自己是对的，很快就会发现自己孤身一人。不要认为自己无所不能。当我们放下仇恨并互相宽恕，走出自我去关爱他人时，生命才会改变，才能获得真正的幸福和喜乐。"

# 找寻安放心灵的地方

不论去什么地方，无论是国内国外，我都在想一件事，何处是心灵的最后归宿？

我有一位朋友，放弃了国内的高薪，移民到异国，在一个岛上砍柴、种菜……

他问我，有没有想法。

我直言道："曾经有。2009 年我想移民 × 国，当年拿到了移民号，结果等到2014年×国大使馆让我补料时，最后又被'一刀切'，宣布作废了。"

"那就找一块地方办民宿吧！"另一位朋友建议道。

我摇头道，我不懂民宿啊！

他说，我先试试水，再给你建议吧。

不久后，他就卖掉了城市的房子，在云南开了一家文艺范的民宿。

这个朋友所做的一切，不论成功与否，只有一个目的，那就是找寻心灵最后的归宿。

我在南方某个城市旅游时，见到一个开发商，将国外的城堡建在一个孤零零的小岛上。

远眺过去，城堡上面尖顶穿云，下面碧水荡漾，有道是"直线属于人类，而曲线属于上帝"。我震撼于此城堡的主人，竟然将上帝的建筑搬到了小岛上。

每个人都在找寻安放心灵的地方，有的人想找寻昔日那煤油灯和烛光摇曳的夜晚，有的人一直在追忆那白月光洒在窗台上被蟋蟀打破的宁静……不同的人都在用不同的方式，寻一方净土将心灵安放。

只要你愿意付出努力，总会光阴含笑，岁月凝香……

## 火花的"奇葩说"让你瞬间开悟

火花是我的书友。

他饱读诗书，与他彻夜交谈时，他随口道来的智慧语言，像一束束火花照亮我眼前的黑。

　　冬天的一个夜晚，外面飘着雪花，我与几个朋友聚在他的书房。他打开热乎乎的暖气，泡了一壶香茗。

　　香茶在我们面前弥漫，聊什么呢？纵有千言，一时又语塞。

　　火花打破沉默，"既然被你们逮着了，那就天南地北扯一扯吧。"

　　"好吧，我这里拟了个话题，今晚好戏在后头呢。"我递给火花一个纸条，上面是一串问题的清单。

　　火花接过纸条，笑着点点头。

　　1.关于改变自己

　　火花起身走到书架上翻开一本书，大声地朗读起来——

　　如何让这个世界变得美好？不如把你自己变得更美好。

　　切记一切都要从心开始，也不要祈求改变别人。

　　你曾否说过谎，骗过人？

　　你曾否对人虚伪诡诈？

　　你曾否自高自大，自夸狂傲，打击别人，高抬自己？

　　你曾否背后说人坏话，捏造是非？

　　你曾否自私自利，只顾自己，不理会别人的需要？

　　你曾否嫉妒别人的名誉、地位、才干、美貌、升官、发财？

　　你曾否不守信用，背约弃誓，说一套，做一套？

　　你曾否贪婪渴财，眼光势利，有时甚至用卑鄙诡诈的手段去得不义之财？

　　你曾否不孝敬父母，欺骗他们，厌恶他们，甚至咒骂他们？

　　你曾否遇到不如意的事便怨天尤人，侮慢创造天地万物的主宰？

　　2.关于自信

　　火花说，我前段时间读过一篇很好的文章，在人的各种软弱中，信心的软弱最可怕。

失了信心，人就会在乌云下面，一片昏暗；信心回来了，就站在了乌云上面，阳光灿烂。

永远自信，张开你的双臂，去感觉周围的空气。

比如，在面试前，如果你能这样做，可能会增强你的自信心。

3. 关于妒忌

我问，别人比自己强时，为什么我们会产生嫉妒心理，而有时会产生崇拜？

火花说，有道是："远的崇拜，近的嫉妒；够不着的崇拜，够得着的嫉妒；有利益冲突的嫉妒，没利益冲突的崇拜。"这应该就是人性吧。

4. 关于烦恼

火花说，在这个世界上每个人都遭遇过烦恼，值得注意的是，最好不要被烦恼牵着鼻子走，因为潜意识有记忆功能，你烦恼，它就会记在你的细胞里，你整个人也会随之烦恼，甚至影响一生。

我读过一篇文章，有古今中外很多大师、心理学家的箴言，当烦恼来临时，一是不要钻牛角尖多想，想也想不通；二是脸上要时刻挂着笑容，要学会大笑、大唱；三是转移视线，与朋友家人谈心倾诉，参加各种活动；四是既然无法改变别人，就改变自己，让自己更具适应力！

如此，所有的烦恼就不会停留，你也会变成乐天派。

5. 关于成熟

"是不是一个人越成熟就越难爱上一个人？"众人问。

火花说，不是越成熟越难爱上一个人，是越成熟，越能分辨是不是真爱。

6. 关于胸怀

火花说，心胸宽广的人，本身就是一个负能量的消化体。心小了，所有的事都是大事；心大了，所有的事都是小事。心胸宽广的人，遇上了大的麻烦事，也能很快消化掉负面情绪，所有的不开心都会像湖面上投的小石子泛起的涟漪，很快就会消失不见。

"如果有人骂你呢？"我问道。

火花说，为而不争。有位大家曾说过："如果一个人骂你，你也去骂他，那你跟他的差别在哪儿？"如果不对骂，跟那些人还有点儿差别。人生中有很多遭遇，都是由个人的恶行和胸怀狭窄造成的。

7. 关于压力

"你会感到莫名的不安吗？"我问。

"有一点，不过现在好多了。"火花笑了笑说，"有道是，事情未发生就不动心去想。做事过程中，只管认真去做，但不求结果。做完事后，立即放下不再想，不要追求完美。"

8. 关于吃亏

"在这个充满压力的社会，如何看待吃亏？"我问道。

火花说，我刚读过一段话，将"吃苦当作吃补""吃亏就是占便宜"两句话谨记于心。不要怕吃亏，他们不是得益处，乃是招损失；我们不是受亏损，乃是得祝福。逐渐养成不计较且宽大的心胸，将是一个有福的人。

你吃亏越大，别人得到的越多，越高兴，证明你离成功也就越近。

9. 关于修身

火花说，内心的富贵才是真富贵。

你积累的点点滴滴都在那里，收成在后面呢！别着急。

10. 关于健康

火花说，善念能让人健康，能让人长寿。

11. 关于炫耀

火花说，你炫耀什么，就容易失去什么！你用自己的骄傲，伤害了别人心中的骄傲；别人被你伤了，还会对你好吗？

12. 关于职场

火花说，职场也有句话，人顺事才顺！

有句话说："不管你有多么真诚，遇到怀疑你的人，你就是谎言；不管你有多么单纯，遇到复杂的人，你就是有心计；不管你有多么天真，遇到现实的人，你就是笑话；不管你有多么专业，遇到不懂的人，你就是空白。"所以，不要太在乎别人对你的评价。任何人身上都有值得你学习的东西，即使你是上级，也不要轻视他；任何你瞧不起的人，突然迸发出来的能量都可能吞噬你。

你需要的是，做好自己。

13. 关于爱情

火花说，爱情经得起风雨，却经不起平淡；友情经得起平淡，却经不起风雨。

如果觉得伴侣对你失去了热情，可能是因为你也对他也失去了热情。

14. 关于人生低谷

火花说，人生在世，永远不要忘记自己是谁，不要怀疑自己，如果连自己都不相信，那谁还能相信你呢；永远不要放弃自己的梦想，永远不要让别人的想法决定你的人生，你才是自己梦想和幸福的唯一主宰。

总之，未来是个谜，永远不要停止脚步，不要害怕探索和求知，迈开大步，勇敢前行。假如生活欺骗了你，只要站起来，你就会越挫越勇。

15. 关于层次

火花说，人生有三层次：第一层物质，第二层精神，第三层心灵。层次越低，越是好面子，在这类人眼里，面子比友情大、比亲情大，甚至比天还大。

层次越低，越容易自卑，越没有底气，深藏在内心的自卑会产生一种补偿心理。

16. 关于阅读

火花说，阅读的最大意义是摆脱平庸。

17. 关于人生的意义

火花说，人生本无意义，是你活出的意义。

18. 关于完美

火花说，做人不必刻意，做事不求完美；功不求盈，业不求满，花看半开时，酒饮微醉处。

火花读了一段意味深长的话——

可以清高，但要有宽容之心，否则就是孤傲。

可以仁慈，但要有果断之举，否则就是软弱。

可以强势，但要有所敬畏，否则就是暴戾。

有财，要懂得节俭，否则就会奢侈。

有功，要懂得谦虚，否则就是骄傲。

尊贵，要懂得谦卑，否则就是刁蛮。

凡事有度，话不可以说尽，要把握分寸；事不可以做绝，要留有余地。

人生无完满，缺憾亦是美。

优雅的人生，是阅尽世事的坦然，是沧桑饱尝的睿智，是过尽千帆的淡泊。

19.关于改变

我问：人为什么喜欢改变别人？

火花说，要想自己存在就得让别人存在，将树砍光了，斧头也就没有把儿了。求同存异，世界才会更丰富多彩。

20.关于孩子独立

火花说，英国心理学家希尔维亚·克莱尔说："这个世界上所有的爱都以聚合为最终目的，只有一种爱以分离为目的，那就是父母对孩子的爱。父母真正成功的爱，就是让孩子尽早作为一个独立的个体从你的生命中分离出去。"而有很多父母却忽视了教育最重要的目标之一——培养独立人格，他们喜欢干预孩子的重大人生选择，视孩子为自己一生的得意作品，但最终有可能将孩子养成一辈子依附父母或他人的精神"巨婴"。

# 真正的强者都是悟性高手

夜已很深，喧嚣的城市静得可怕，我站在出租小屋的窗前，仰望着天空，与我的心灵进行了一次对话——

我："你……在吗？"

心灵："在呀。"

我："你就在我的心里，是吧？"

心灵："是呀。"

我："今晚我们谈谈好吗？"

心灵："好啊！"

我："人活着究竟为了什么？"

心灵："其实，人生本来没有意义，全靠你赋予它意义。"

我："人是否不受磨难就能满足欲望呢？"

心灵："欲望是人最难认识和把握的东西，你现在很难做到无欲无求。"

我："我有时会遇到意想不到的'坏人'。"

心灵："其实他们是'好人'，只是相对你来说是'坏人'。"

我："我对每件事都很执着，结果却适得其反。"

心灵："对每件事不要太执着，要达到无念无想的程度。当然，并不是心里一个念头都没有，只有'无所住而生其心'，才能成功。"

我："怎样教育孩子？"

心灵："父母爱的最高级形式就是给予孩子自由，不要把孩子当成自己的作品。教育的终极目的是，教育孩子向内寻找幸福，让他拥有寻找幸福的能力。"

我："有人总说世人素质差，却没人承认自己素质差。"

心灵："人越养尊处优、越自傲，折旧得越快。"

我："人为什么要工作？"

心灵："工作的意义不仅在于追求业绩，更在于完善人的内心。"

我："怎样才能得到爱？"

心灵："想要得到爱，就要学会奉献爱。关爱别人，受益自己。拥有爱的思维，无论身处何方，都能获得幸福。"

我："为什么对别人好却换不回好？"

心灵："不一样的人，不一样的眼睛，不一样的心，不要奢望人人都对你好。'二战'时，一犹太家庭遭到迫害，大儿子和小儿子分别去寻求帮助。大儿子去找曾经帮助过自己的人，小儿子去找自己曾帮助过的人。结果大儿子获救，小儿子被出卖。"

我："无辜受别人的算计，怎么看？"

心灵："他修养不高，不要与他计较，恶人自有恶人磨。"

我："诱惑是无处不在吗？"

心灵："是。不要与诱惑较劲，不要陷入其中。人的内心平衡一旦打破，恶就会跑出来，欲是一切祸的根源。"

我："怎样包容别人？"

心灵："与人相处要多激发别人的善，防备或制约别人的恶；报复一个人，只能激发对方的恶，招来更多的恶；包容一个人，却能激发对方的爱，招来更多的爱。大家都是有缺陷的人，你原谅对方，就掌握了主动权。"

我："怎样看待辞职？"

心灵："据说，发达国家的人把工作、生活、学习当成是一种快乐，如果不能找到快乐，就会毫不迟疑地做出改变。"

我："怎样理解吃亏？"

心灵："吃亏是做人的一种境界，真正的聪明人，不会在乎表面上吃亏，因为能够吃亏的人，往往一生平安，幸福坦然。"

我："怎样去做事、做人？"

心灵："懂得退让，方显大气。越界了，必受罚。"

我："怎样衡量一个人的好坏？"

心灵："每个人心中都并存着好的一面和坏的一面，这取决于周围的环境、制度和被激活的那一面。"

我："对人类文明威胁最大、破坏最惨烈的是什么？"

心灵："不是自然灾害和人类的无知，而是不受制约的权力。"

我："人类怎样克服衰老？"

心灵："让自己笑口常开，保持幽默与风趣，还要时时怀抱梦想。"

我："谈谈抱怨。"

心灵："喜欢抱怨的人，内心会越来越阴暗，会坏事不断，与好事无缘。"

我："人这一辈子要解决哪些关系？"

心灵："先要解决人和物之间的关系，然后解决人和人之间的关系，最后解决人和内心之间的关系。"

我："结婚，意味着什么？"

心灵："婚姻不是1+1=2，而是0.5+0.5=1，即两人各削去一半自己的个性和缺点，然后凑合在一起，并懂得妥协和迁就。"

我："什么是真正的文艺范？"

心灵："拥有自己的世界，按照自己的意愿去生活，任凭外面世界如何吵闹，内心却拥有宁静；苦也吃得，累也受得，生活可以很朴素，内心却无比满足。"

我："你对早睡早起怎么看？"

心灵："白天是放电，晚上睡觉是充电，晚上充了50%的电，白天要释放100%，那50%哪来的？从五脏借的。如果晚上睡不着就早起。"

我："谁是世间最可怕的人？"

心灵："世间最可怕的人，不是小人，也不是坏人，而是道德无知的人。这样的人，往往没有觉察自己是无知的，甚至相信自己是对的，听不进去别人的苦劝，还把自己的妄想付诸行动，害人害己。"

我："你对善良的人有什么理解？"

心灵："一个人的精神层次越高，心理越健康，内心也越善良，不会因为别人的看法而轻易改变自己的本性。对他人微笑，喜悦的表情就会多，人生也会活得更快乐。当一个人能包容所有生活的不愉快，专注于自身的责任而不是利益时，他就站在了精神的最高处，也是最善良的人。"

我："怎样看待失败？"

心灵："失败是普通人的常态，关键是你能否驾驭，心态决定一切。"

我："怎样成为主角？"

心灵："爱自己最好的方式，就是成就自己。"

我："想收获金钱，要怎么做呢？"

心灵："把金钱分享给有需要的人，帮助别人获得金钱。"

我："真正的高手是指什么？"

心灵："世间真正的高手，有谦让别人的胸襟，有善解人意的意愿。"

我："怎样看待做公益？"

心灵："在帮助别人的同时净化自己，使自己升华，全身充满正能量。"

我："如何理解修养？"

心灵："修养，是只属于你一个人的精神长相。个人的内涵被掏空，就会失去自我判断能力，世俗的标准就会成为个人的标准。"

我："我们应该怎样做？"

心灵："电影《教父》里有这样的人生观：第一步要努力实现自我价值，第二步要全力照顾好家人和孩子，第三步要尽可能帮助善良的人，第四步为族群发声，第五步为国家争荣誉。"

我："真正高情商的人的特征如何？"

心灵："大道之行，不责于人。真正高情商的人，遇事都不会随意指责他人。"

# 没挣扎过的人不配谈人生

那是一个飘着秋雨的夜晚，我坐在窗前，听着窗前的雨声"啪嗒啪嗒，啪嗒啪嗒"不急不躁地下着。

夜变得好安静，除了雨声，我还听到了自己的心跳。

我对心灵说，我无心看书了，我有很多的想法，你愿意与我谈谈吗？

他说，当然愿意，难得有这么安静空闲的时间。

我："什么是无善无恶？"

心灵："从自然规律角度来说，一切行为都是自然的，一切都是相对的。比如，老虎吃羊。所以，大道自然，无善无恶，不强生，不恶死。"

我："你对能量法则怎样理解？"

心灵："能量法则告诉我们：我们关注什么，自己就是什么，什么就会越多。向自己、向他人、向世界传递很多负面能量，负面能量首先就会回馈给自己，生命中的负能量就会发生灾难性的增长；真诚地向自己、向他人、向世界传递爱、感恩与欣赏，自己也会被爱、感恩与欣赏的能量滋养，人生也会越来越好。"

我："你对世故怎么看？"

心灵："知世故而不世故，是一种心态；不知世故而不世故，是一种幸福。"

我："怎么看待养生？"

心灵："养生的最高境界是养心！心乱了，病就来了。生病时，不要有怨恨心，心定则气顺，气顺则血畅，气顺血畅则百病消。记住：睡觉是养生第一要素。

我："每天静思，好吗？"

心灵："一直处在过于兴奋或过于激烈的状态，就会产生一系列的身心失调，不仅身体会出问题，情绪也会有问题，没有足够的资源和精力去开展社会工作。每天要花时间安安静静地坐一会儿，比如，在上班坐地铁、公车的路上，闭目养神一会儿，就能找到相对放松舒适的状态。"

我："为什么说口德很重要？"

心灵："恶言不出口，恶言不留耳，是每个人应该具有的修养。"

我："什么是成年人的友谊？"

心灵："成年人的友谊，是不追问，是不解释，是心照不宣，是突然走散，是自然消减，是一种自然的默契。"

我："何以解忧？"

心灵："每个人的生命里，都有烦恼相随，要学会放下、不在乎，不用想别人怎么看你，随意就好。所以，要脚踏实地做好自己，不必那么焦虑。"

我："你认为父母的爱是理所当然的吗？"

心灵："人最大的过错是把别人对自己的好当作理所应当，不懂感恩。一个被照顾到无微不至的人，反而不会去感恩！"

我："你对成功怎么看？"

心灵："成功的别名叫失败，越是看似成功的人，越有不同寻常的失败经历。首先要接受自己并不强大的事实；其次，要明白逃避'恐惧'和'寂寞'是不可能的，你越想逃，它们就越困扰你，而要将它们当作朋友，作为一种理所当然；第三，记得微笑，任何难关都能渡过。"

我："为什么一个人永远只能享受和他相匹配的东西？"

心灵："得到一件东西的最好方式，就是通过自己的努力，让自己配得上它。否则，一切都是妄想。"

我："勤俭持家的人好吗？"

心灵："勤俭持家是人应有的美德，但万事都不可'过'；否则，会物极必反，给家人带来烦恼。"

我："怎样获得幸福感？"

心灵："只有心灵淡定宁静，才是幸福的真正源泉。以名誉、地位、学识代替幸福，愁苦必增加；以儿女代替幸福，愁苦必增加。"

我："成功的人有什么特点？"

心灵："成功的人都有些天真，都是内心淡定的人。"

我："你知道自养与异养吗？"

心灵："地球上的所有生物可以被划分成两类：自养与异养。多数植物属第一类，可将阳光或空气等无机物，通过光合作用转化为能量；人与动物属第二类，必须通过消化其他生物才能生存。"

我："一个人怎样做到内心平静？"

心灵："遇事不要急躁，不要急于下结论；生气时不要做决断；学会换位思考，大事化小、小事化了；复杂的事情尽量简单处理，千万不要把简单的事情复杂化。"

我："女人的美最主要体现在哪？"

　　心灵："一个女人有多美，要看她的心有多静。心静的女人，从容淡定，低调沉稳，内心发光发亮。女人真正的美，是内心的安静，骨子里的那份自信。"

　　我："为人父母要注意哪些？"

　　心灵："1. 只生不养，没给子女做个好榜样。2. 习惯过度索取，为老不尊，倚老卖老，对儿女过度索取（钱财、感情）。3. 过度溺爱孩子。4. 在儿女中偏心。5. 对儿女冷漠，孩子体会不到父母的爱。6. 过分依赖子女，即使子女长大了，也不愿和孩子分离，子女无法成为有独立人格的人。"

　　我："一个人的欲望要有度吗？"

　　心灵："欲望是一个负能量传感器和载具，本身并不是恶的，令人产生罪的不是正常的欲望，而是私欲和贪欲。个人对金钱、美貌、权力等欲望很强烈，就会堕入对欲望的追求而不自知，吸引更多的负能量。"

　　我："什么是弱者思维？"

　　心灵："弱者思维不外乎：习惯性拒绝新事物，不愿走出舒适区；不愿付出代价，不能延迟满足感；喜欢批判外界事物，用单一标准看世界；过度自我关注，太在意外界的评价。"

　　我："保护野生动物是爱心的表现？"

　　心灵："当然！我们不但要生存，还要使自然界得以生存，实现可持续的发展。"

# 十、掌控不了人生，但可以掌控自己

# 美化苦难很虚伪

我们要走出吃了苦、遭了殃，还要美化苦难的人生怪圈。我们不要去吃无意义的苦，即使需要用痛苦给你做背书。

朋友刚战胜病魔，我问她，你是如何看待苦难的？

她说："苦难给了我无尽的悲伤。病痛的煎熬就像炼狱一样，我曾撕心裂肺哭过，我也挣扎、抗争过，我恨死苦难了，我希望别人永远不要经历这种苦难！我之所以能走出来，主要得益于帮助和鼓励过我的人，也包括我自己，但我不能感谢苦难！"

从朋友痛苦的表述中，可以感受到，苦难对她的伤害有多大。

对于那些"吃得苦中苦"后取得成功的人来说，苦难永远是身上一块抹不去的阴影和疤痕；

对于多数吃够了"苦中苦"仍然陷入低谷的人来说，苦难会如影随形，甚至彻底浇灭他们仅存的一线希望。

所以，我们不需要赞美苦难。

1. 不要滥用"苦难"，更不要赋予它什么意义

苦难就是苦难，它既不是个人励志的动力，也不等同于努力。

不断地努力奋斗，确实有可能获得成功，但对多数人来说，苦难是一场灾难！

2. 要全方位认识苦难

苦难只会不停地消耗你身上的正能量，给你不断地制造压力、打击、挫折等。英国作家毛姆说："苦难无法使人更高贵，反而使人更卑微。它使人自私、猥琐、狭隘和猜忌。它没有使人超越本身，却使人称不上真正的人。"

3. 不要将个人的不幸和艰难当成正能量

生活中，一些家长、专家、职场人士等经常会借用"苦难"来激励孩子、学生或员工。殊不知，对所有苦难的美化，都是在刻意模糊人对权利和义务的认知。不要去美化苦难，痛苦本身是没有价值的，也不会让你有收获；不要把苦难作为必修课，如果人们都要去经历一系列苦难，那我们还能追求什么快乐？

4. 苦难不是所谓的"财富"

对痛苦的思考才是财富，要多寻找苦难形成的原因，多做摆脱苦难的预案，防范或杜绝苦难的发生。

切记：痛苦本身没有价值，有价值的是我们在克服困难的过程中的思考和总结。

5. 苦难不是成长所必需的

不要把被苦难无数次击倒又站立起来的人与英雄画等号。不要吃没有意义的苦，不要刻意去被磨炼。痛苦不值得追寻，成长也不需要以痛苦为代价，痛苦更不是成功的背书。当然，即使经历了痛苦，吃够了苦，也不一定会成功。

# 不要轻易被回忆绑架

并不是每个人都有勇气跟过去和解，不想再痛一次，就不要执着于回忆。

人到中年，喜欢小聚，大家只要聚到一起，说着笑着，最后都会陷入伤感的回忆中。

朋友桥说，他从小与奶奶生活在一起，那时候妈妈和奶奶关系不好，他总是被贴上"奶奶的人"的标签。他自幼就不讨爸妈喜欢，奶奶去世后，也带走了他最后一丝人间温情。

朋友颜说，他父母家过去出身不好，在农村插队。20世纪70年代时，他不敢独自在河边走，因为怕村里孩子从背后将他推入水中。有几次，他差点被小孩子的"恶作剧"淹死，现在只要一想起来，心里就布满阴影。

朋友桦说，自己一直很自卑，见人说话结巴、脸红，因为爸妈是外乡人。当同龄孩子受到表扬或获奖时，对他就是一场灾难。爸妈会揪着他的耳朵，罚他靠墙站，轮番挑剔他、丑化他、羞辱他。

朋友汪说，他在公司秉公办事，对同事也很真诚，自从与领导顶了一次嘴，就经常被人告密、打小报告，在公司待了十多年也没得到升职机会，后来公司实行末位淘汰，他第一个被无记名打分淘汰出局。唉，人心难测啊！

朋友祁说，他父亲去世得早，从小与母亲相依为命，考上大学后，母亲依然住在农村的破草房里，每到下雨天房顶就漏雨。他感到特别难受，可等到他有了钱能帮母亲改善居住环境的时候，母亲已去世。这成了他一生的遗憾，以致他至今都怕下雨天。

朋友青说，他对老婆一直很好，是典型的"顾家男"。他带老婆到大城市发展，还带她去十几个国家旅行，只要老婆喜欢的东西他借钱都会买回来。后来，他的事业走下坡路，加之一度消沉，老婆主动提出分手，十几年美好婚姻就这样戛然而止。

诸如此类的例子有很多，朋友们三天三夜也说不完。那些记忆深处的伤感，点点滴滴都是泪的堆积。有位朋友这样形容："记忆就像一条忧伤的河，只要一开闸，就会向你奔涌而来，一瞬间将你的所有快乐彻底淹没。"

这些苦难是他们人生的一种无奈选择，是一种用力活着的委曲求全，是一种用微笑掩饰的伤口；如果有机会重来，相信他们多半都不会选择苦难。所以，听他们忆苦，我从不附和，也不赞美他们的苦难。

人生并不是有了苦难才会造就今天，那些没有苦难的人照样会取得巨大的成功！

当然，我更不赞同无休无止地咀嚼、回味苦难，不赞成他们长期被回忆绑架而深陷其中。

那些伤感的回忆，除了刺伤你的自尊，除了让你前进的动能打折，让你变得苦大仇深，让你的梦想变得不堪一击，让你变得纠结、失落、自我贬低外，还能给你留下什么呢？

朋友说，只要一打开回忆，自己就会像被中魔一样，控制不住自己。

值得欣慰的是，在最近一次聚会中，我发现他们都变了。他们的精神境界变了，不再谈论过去，不再怨天尤人，只是津津有味地聊普通人的生活。

看来，一个人的彻底改变，一定始于内心。究其原因，主要得益于以下经验的分享：

1. 破除执念

执着的根本就是执念，被它牵着走，就会永远想不通。

只有懂得"归零"，不执着于自己的受辱经历，不怨恨生活的不公，才能走出执念。

2. 活在当下

每个人的生活都不容易，关键看你怎么活。真正成熟的人，不会让昨天的伤怀占据今天。

世界很美，我们要善待自己，活在当下，不要被过去绑架。只有学会活在当下，才能斩断过去的忧愁并升起对未来的希望，才可以做自己的主人，获得真正的自由。你放下了，一切就变了；方向改变了，人生就顺了！

# 搞懂亲情与友情中最本质的东西

在街坊四邻中，小琪是最爱娘家人的媳妇，刚过门半年，就为娘家的鸡毛蒜皮小事，与老公大战十多回合。小琪认为，所有的不好都是婆家人的不好，只要有人提娘家一点不是，她就会不顾一切地冲出来捍卫。可是，让小琪不解的是，自己生病住院一周，老公和婆婆忙前忙后地伺候，娘家人却只来电说，正忙着操办她弟弟的婚礼，没空来看她。突然间她觉得跟娘家人有了距离感，"借口！难道女儿就不重要吗？"

为了帮女儿带孩子，秦阿姨从农村来到城里。在送孩子上学的路上，她总会对孩子说："现在姥姥起早贪黑地待你好，长大后一定要孝敬姥姥啊！"

直到6岁的外孙女似是而非地点点头，她才会停止唠叨。

同事老解在一家大公司当中层，平时对几个部下都特别好。在老解离职的当晚，有一位部下居然"不小心"将他微信拉黑了，另几位"忠诚的部下"也跟他渐行渐远。特别让他不能忍受的是，他创业失败后，连自家的亲戚也像避瘟神一样回避他，他忍不住问自己："难道是我做错了什么吗？"

老金是小区的一位保安，过去做生意赚了不少钱。他将人生的一切希望都寄托在三个儿子身上，功夫不负有心人，终于在50岁前完成了在农村老家给三个儿子建房娶媳妇的"大业"。后来，老婆生病，花光了他的全部积蓄。再后来，他穷得吃住都成问题，但三个儿子都忙着生活，不怎么管他，他只好跑出来当保安了！他感叹："人还是要独立，三个儿子是靠不上了！"

什么才是亲情与友情中最本质的东西呢？

1. 所谓的亲情与友情，不是牺牲一切去爱

比如文中的小琪、老金给亲人的爱。你总认为愿意为对方牺牲自己的一切就是"爱"，为朋友两肋插刀就是爱。这是一种非常传统错误的观念，爱本身是互相圆满的情感，以牺牲来捆绑做交易，对自己和别人都是不公平的。

2. 所谓的亲情与友情，不是通过交换得来的

比如文中的秦阿姨。在这个世界上，任何人都不会为你的幸福负责。

想通过交换来得到"爱"，一旦失去条件，便会令你大失所望。

爱是纯洁的，爱是无价的，爱是不能交换的。只有无条件的爱，才能让你的爱充满力量。

3. 亲情与友情不是依附关系

比如文中老金对自己晚年生活的期待。

时代变了，人与人之间的关系也从彼此帮持，走向互相欣赏和独立。真正的爱是相互滋养、相互成长、相互成全，直到让彼此都成为更好的人。

4.真正成熟的亲情与友情前提是做好自己

将自己变成一个成熟的个体，就能吸引爱、聚拢爱、成为爱。

真爱只发生在两个圆满且成熟的个体之间，一方或双方不成熟，都会变成伤害或悲剧。

所谓成熟的个体，就是实现经济独立、人格独立、精神独立，做好自己。

只有实现独立，才能更好地展现个人魅力和社会价值。


# 你的慈悲，还缺什么


朋友阿信曾自嘲说，过去他喜欢做善事，大家都叫他"善人"；现在大家改口了，叫他"好好先生"。去年小区物业不合理摊派，别人都反对，他却劝大家让一让、忍一忍，大家被他的真诚感动，吃点小亏就算了。谁知，今年小区物业又出台了更大的摊派，现在只要见到阿信，其他业主就会指责他几句。

朋友叶对自己很抠，平时吃穿住行能省就省，省下的钱除了帮助身边的人外，还在城里买了一套自住房。

两年前，在外漂泊十五年的他，终于要娶妻生子了。不过，他老婆对常年在外的叶很少关心，只关心他的钱。不久，叶主动提出了离婚，孩子协议给女方抚养。按理说叶名下只有一套婚前房产，但他出售了这套房子，打算用这笔钱在郊区买一小套自住，再以孩子名义买一小套给女方，而且都写在协议中。

谁知，两人办离婚那天，女方故意刁难：除了一小套房，还要加 10 万元，才肯签字。

叶打电话咨询朋友该怎么办？朋友说："这不是敲诈吗？起诉！让她连房子都没有！"叶不想诉诸法律，最后选择给孩子的每月抚养费加了 500 元，远超当地的标准，女方才签了字。

老孔早年开了一家房产中介公司，赚了第一桶金。他每年回农村老家过年，七姑八姨都来跟他借钱，借少了还不高兴。去年他不想回老家过年了，因为这几年生意不太好，担心七姑八姨再找他借钱。他问其他朋友："一个人想做好事，难道就要一辈子做好人吗？"

……

在我们的生活中，很多人从小就被教导，做人要慈悲。

所谓的慈悲，"慈"就是慈爱众生并给予其快乐；"悲"就是拔除痛苦，愿拔一切众生痛苦。个人的慈悲就像太阳，不仅会影响周围的环境和社会，还会影响人的身心健康。

那么，一个人在运用慈悲时需要注意哪些呢？怎样才能减少上文中的阿信、叶和老孔遇到的问题呢？

1. 慈悲自己

比如文中阿信、叶和老孔一味压抑自己的情绪和需求等，是不利于自己的身心健康的。

一个人的慈悲，要更多地关照到自己的健康状态，减少焦虑、自责、追求完美，以及对失败和抑郁的恐惧等；要更好地应对包括人际关系、生活、学业、事业等逆境；同时，也要寻求适当的关怀来照顾自己。

对自己都不慈悲的人，是很难对别人心生慈悲的，否则，一定是别有所图。只有自己有足够的力量和智慧，才有能力去慈悲别人、帮助别人。

2.不要无条件付出

并不是别人要求什么，都要无条件地满足，比如文中的叶和老孔。对不合理合法、超过自身条件、超过底线的要求，要学会拒绝，否则，你的慈悲就会成为缺乏原则。

3.不要打不还手、骂不还口

比如阿信就是这样。

当公理正义遭受无情的打压排挤时，慈悲就是挺身而出，表现出一种勇敢，不能做老好人；当别人在痛苦和灾难中不能自拔时，慈悲就是心存正念地服务济人，是一种怨亲平等、无我无私的品质。

所以，一个人的慈悲，不但要修慈悲心，还要做到福慧双修。只有让自己福德和智慧都具备，才能让慈悲真正发挥正向作用。

# 孩子，是你必须完成的使命

孩子既不是你的私有财产，也不是为你脸上添光和谋求回报的工具，他只是你在人间的一项使命。作为父母，要让孩子成为他们自己，而不是你心中的他们。

我一个朋友从小由奶奶带大，由于婆媳关系不好，他妈在痛恨婆婆的同时，也很不喜欢他，甚至在几个孩子之间也厚此薄彼，经常刻意丑化他、孤立他，还总是拿别人的孩子和他做比较，打击他的自信心，就连爸爸也站在妈妈一边。街坊邻居看不下去了，劝他妈不要这样对待孩子。他妈却理直气壮地说，他是我生的，我愿意怎么养就怎么养！

在这样的家庭环境下，朋友变得很自卑、自责、叛逆、忧郁、厌学，感受不到温暖，高中毕业后就出去打工了，家对于他来说只是遥远的梦。

更严重的是，这种家庭关系还会遗传。朋友的孩子出生后，他也会情不自禁地学着父母教训自己的口气对待孩子，甚至将孩子当作私有财产随意打骂。意识到问题时，他及时悔悟，改了教育方式，但这也成了他心中抹不去的一道伤痕。

幸运的人，用童年去治愈一生；不幸的人，需要用一生去治愈童年。

我们应该怎样善待我们的孩子呢？

1. 孩子不是你的私有财产

孩子的到来，是上天给你的礼物。抚养孩子、善待孩子是为人父母的使命之一，你为孩子吃的许多苦，都是在努力完成使命，尽到责任而已。

2. 你给孩子的爱应该是无条件的，不是为了回报而交换爱

只有无条件地爱孩子，孩子才会无条件地信任你、爱你。

无条件的爱，是指在你对孩子的爱里，没有交换、没有恐吓，也没有威胁。爱是无条件的，是包容的，是对生命的一种敬畏，但绝不是无条件爱孩子做的每件事、每个不合理的需求，否则就成了溺爱。

3. 孩子与父母人格平等

父母不是高高在上的执法人员，不要动不动就抓住孩子的小错不放，在精神上丑化、吓唬、孤立孩子，更不要打击式教育孩子，否则只会给孩子幼小的心灵埋下怨恨的种子。

打骂管教孩子，把孩子当作自己情绪的垃圾桶，这样孩子很难形成健康的人格，甚至安全感、自信心等也会严重缺失。

4. 认识人生的不同

每个人都有自己的人生路要走，不要总觉得孩子就应该是最好的，起码还要比自己强。

其实，每个孩子都是优秀的，就看你的关注点在哪里。

5. 接受孩子的平凡和不完美

多数人都是普通人，要坦然承认孩子的平凡。

人生有三件必须接受的事情：接受父母是个普通人；接受自己是个普通人；接受孩子会成长为一个普通人。

6. 做一个合格的家长

家长是推动孩子成长的主要动力。

批评孩子，要注意场合，父母做错了，也要做自我批评；

孩子情绪低落时，要多给他一点心理安慰；

多站在孩子角度想问题，不要从大人的角度去看待孩子；

倾听孩子的语言，用孩子的语言与孩子交流，平等地跟孩子相处，不要居高临下。

总之，天下没有不爱自己孩子的父母，只有不懂得如何与孩子相处的父母。

# 你有几个真朋友

真正的朋友，有一种心灵层面的默契，而不是对彼此有所图。

想想看，你有真朋友吗?

如果有，那就恭喜你了!

古人说过："人生得一知己足矣。"所以，要加倍珍惜这个与你心灵同频的朋友。

如果你没有真朋友，也要恭喜你!

现在"朋友"一词早就被滥用，不少是利益、情感上的互惠互利的伙伴，以及抱团取暖的朋友，或是微信朋友圈中的点头之交，前一秒还是陌生人，后一秒就成了朋友。这种速成的朋友，你觉得算是朋友吗?

"以金相交，金耗则忘；以利相交，利尽则散；以势相交，势败则倾；以权相交，权失则弃；以情相交，情断则伤；唯以心相交，方能成其久远。"没有真朋友也很正常。

同事年轻时有一堆狐朋狗友，中年落魄时，身边就没什么朋友了，或者说没有朋友。

开始时，他有些想不通，后来慢慢明白了，原来在这世界上，大多数人交的都是利益朋友。

有位老街坊，老伴去世得早，自己孤单子影，经常坐在门前的小凳子上发呆。

我问他，是不是很寂寞？

他说，开始有一点，现在看看门前的行人，就好多啦！

他最怕下雨，因为下雨路上的行人就少了。

老人一生大浪淘沙，曾官至厅局级，个性使然，没交上什么朋友。他说："人各有志，并不是人家想与你交朋友，只是大家假装而为之。我对朋友的逐利看得很通透，既然遇不到知音，既然大家假装而为之，还不如不交。"

其实，一个人在孤独时候，心智才是最清晰的，也明白什么才是最适合自己的。

有位很受尊敬的老先生，曾嘲笑自己最不合群。他不擅长喝酒、抽烟、交际，终生未娶，一人吃饭、一人生活、一人旅游……就是他的全部生活。

他很享受独处，不愿意刻意去找朋友。不过，他有几个二十多年交情的真朋友。

于是，我向他请教："您说，什么才是真正的朋友呢？"

他笑了笑，说："其实就是两颗自由而无用的心灵走到了一起。你交朋友，并不是因为朋友有用才去交的；真正的朋友是无用的，这所谓的无用就是朋友之间无功利。"

我接着又问："那么，既然交朋友是出于无用，那您为何还要交呢？"

他说："并不是你想交就能交的，对方也要看你是否与他同频。其实，交朋友也是一种修行，机会来了，你修行不够，与别人无法同频共振，也不行……"

看到我若有所思，他又补充道："真正的朋友不是为了得到爱，而是为了给予爱。当你真的遭遇人生危机时，往往真正的朋友会主动站出来雪中送炭，而多数愿意锦上添花的都是利益关系的朋友。既然是利益关系的朋友，就不必太走心，也不要为他的绝尘而去追悔莫及。人生如此短暂，绝不要将时间浪费在三观不合的人身上。"

听了这位老先生的一席话，我终于明白了，原来，真正的朋友是一种心的交流，像宝石一样，晶莹剔透而又纯洁美丽。

临别时，我想再请教一下这位老先生，就好奇地追问："既然您有了真正的朋友，应该不孤独了吧？"

他哈哈大笑，说："朋友是无用之用，真正的朋友关系不会消解孤独，只会让你学会更好地面对孤独。"

是呀，不管你有没有真正的朋友，朋友之间轻松自如地相处，应该是每个人内心真正向往的。

## 大多数人对"爱"的理解都是错的

两不相欠的爱，才是感情最好的状态。

在任何关系中，只要有一方牺牲，就意味着不公；只要有一方相欠，就不可能得到真正的爱；应该说，大多数人对"爱"的理解都是错的。

有的人为了爱对方，不惜伤害自己。

你的眼里全是她，也全给予她，就是为了证明自己真爱她，结果对方却并不领情。也许，起初两人确实是因为相互吸引而走到一起，没有出现什么不和谐；但日子长了，你就会觉得对方对你有所亏欠，希望从对方那里获得更多补偿的爱。

这种"自杀式"的爱，并不会给另一方带来幸福；也不是另一方忘恩负义，而是你让对方被所谓的牺牲所挟持，从而模糊了爱情的意义。

这种混淆，往往是"杀死"爱的导火索。

真正能够长久的爱，应该是互不亏欠，至少两人应在同一水平上。

只有互不相欠，双方才有底气，喜欢上真正喜欢的人。

只有互不相欠，即使关系发生了变化，相信一方也不会因被对方抓住什么把柄而受制于人。

只有互不相欠，双方的爱才更纯粹、更真实。

在生活中，有的人是为了户口、房子、就业、权势等走到一起，也有的人是因为金钱、名誉、家庭、孩子、感恩等走到一起……这种爱，很容易使两个本来残缺的人被世俗所绑架。以"爱的标签"在一起过日子，这样男女双方不仅尝不到爱的滋味，还会被折磨得遍体鳞伤，甚至演绎成一个个的人生遗憾和悲剧。

一位朋友坚持"门当户对"，我问他为什么？

他说，两人"门当户对"，不容易有亏欠的隐患，婚姻一开始也不会带有其他目的性，爱情来得也更真实可靠。

仁者见仁，智者见智。我不愿意评价他的看法，因为大家都有不同的观点。

不过，适度依赖会让两个人走得更近，爱情的风帆才会扬得更远，过分关注和依赖，只会使双方失去爱的平衡。

# 我不知道还有这种幸福的存在

有种幸福是在普通的外壳里，包裹着深深的爱。

每个人心底都埋藏着一个故事，不是我们的故事不感人，而是如果这也是爱，需要花一生才能读懂。

几个朋友小聚在一起，谈起了他们的父亲。

朋友麦吉觉得他爸非常爱哭！

20 世纪 70 年代，落寞的山林，沉甸甸地落下雪花，在麦吉眼里一点也不美，那么凌厉，那么冰冷。他们一家八口挤在两间三十多平方米的林场的土房子里，抱团取暖。

母亲无法忍受贫穷的生活，离家出走已经有好几天，这次距离上次离家出走只间隔了一个星期。

父亲老麦那蜡黄的脸上，布满了愁云。他是一位从城市下放到农场劳动的看林工，工资微薄。米缸里早就没有米了，奶奶提醒了他几次，可他口袋里却拿不出钱，眼下离发工资还有十多天，看来又得去找农场会计借钱买米了，也不知道人家这次肯不肯借。

四个小弟小妹不管这些，揪着奶奶的爆满粗筋的手，吵着嚷着围着煤炉，等待一口稀饭……麦吉早就饿得很难受了，但他 12 岁了，又是老大，只能默默地待在一旁。他觉得有一种比挨饿受冻更刺痛的难过憋在心里。

"哇！"弟妹们大喊着。

家里唯一的煤炉终于艰难地冒出了烟，但一股刺鼻的味道弄得满屋都是。

爸爸在一旁吼道："昨晚是谁封的煤炉？"

"是……我……"麦吉小声道。

"你逞什么能！"

"呼！"爸爸也是一肚子委屈，越想越生气，想着就抄起身旁的一把破扫帚，旋风般地冲过来，举手就朝麦吉头上打。

奶奶没有遏制老爸这匹暴躁、脱缰的倔马，麦吉视死如归地站在原地，等待那扫帚落在头上。眼看一场悲剧就要上演。

在最后一刹那，扫帚改变了方向，带着一股冷风，"刷"地飞向屋外的雪地里。父亲冲到一角落，无遮掩地捧着瘦脸大哭起来。从那以后，麦吉经常看到老爸哭泣……

朋友叶希，觉得老爸很抠！每次只给他留一半饭菜。

20世纪80年代，叶希在镇上上中学。农村刚开始分田到户，他家田少人多，只能勉强温饱；爸爸在小镇上当小学老师，是全家包括爷爷奶奶九口人唯一的收入来源。

一开始，叶希每天中午都在中学的饭堂吃饭，饥一餐饱一顿的。爸爸说："中学的饭堂伙食太差，你正在长身体，需要营养，中午放学就来我这里吃饭吧，晚上再步行回家。"叶希如猴子一样高兴得直跳。

那天，叶希中午照例来爸爸的小学吃饭。平时小饭堂只烧十几个老师的饭菜，叶希来吃饭时，他们早就结束了，只有昏昏欲睡的老师傅坐在小板凳上等他。

"吃吧，吃吧。"老师傅对叶希说。

说罢，他就端出爸爸的一个菜碟。饭堂每个老师都会发一小碗菜，爸爸一般都是用自己的菜碟装上，然后放在锅里，等叶希来吃。

"老师傅，平时我爸的菜碟都是吃一半留给我一半，今天怎么是满的？"

"嗯嗯，你爸和老师们还在开会，你先吃吧。"

"好！"

哇，藕丝炒肉，一月一次的荤菜，简直太好吃了！

叶希狼吞虎咽地将一碟菜外加一大碗饭扒下了肚，这时老师傅在一旁说："这孩子，你爸每次都省着吃，留给你一半，你怎么一点也不给你爸留呢？"

"我……他……"叶希抹了抹嘴上的油，说不出话来。原来每次的一半，是爸爸专门留的，不是剩下来的。自己吃了这碟菜爸爸却没得吃了……

好友炜浩觉得，他老爸有点害羞！

20世纪90年代，炜浩在某市上大学二年级，老爸恰巧在附近的一家建筑工地当搅拌工。老爸一直都想来校园看他，但因没有时间，这一拖就是半年。

那天，炜浩陪一位女同学从教室里走出来，远远看见一个邋遢的中年人站在草场旁眺望。那个人看到炜浩陪着女同学走过来，转过身坐在地上，装作什么也没看见。

炜浩走出了20多米远，忽然想起来什么，对女同学说："那好像是我爸！"

他立刻转身跑过去，结果那人跑得很快，已经跑到了校门口。

炜浩与女同学百米冲刺，终于截住了那人，真是他老爸！当时的他上身穿着一件污迹斑斑的T恤，下身穿了一条肥大的裤子，外加一双沾满泥巴的胶鞋。

"爸，你怎么来了还躲呢？"炜浩问。

他爸说，平时加班，这会儿没电，机器停了，就过来了。那时，还没有手机，他只能站在教室的不远处等，好不容易等来了炜浩，又看到炜浩与女同学在一起说话，为了不让儿子难堪，就想着赶紧离开。

那天，老爸临走时，给炜浩塞了300元钱，说话还有点语无伦次："这……哈……这是我加班挣的，给你零花。学费和生活费不要着急，按老规矩，我每月汇给你……"

直到如今，自己当爸爸后才慢慢体会到，一度被嘲笑的爸爸"标签"，却是爸爸努力活着的印记！

这些都是让人无比幸福的温暖所在。

比如麦吉的爸爸，在生活高压下，他对孩子不迁怒、宽容，"好哭"只是他没有喊出来的"伤口"。

叶希的爸爸，为了支撑全家的生活，对孩子一片真心，"抠"只是他爱的表达。

炜浩的爸爸，孩子的未来就是自己苦累中的唯一希望，对孩子不打扰、自重，"害羞"只是他极力想给孩子体面、自由的一种方式。

在这个世界上最难读懂的就是父亲，最会将爱深藏的就是父亲，最沉默寡言又铁汉柔情的是父亲，最会负重全家又不喊苦的还是父亲……

不管你理解与否，父亲坚硬的外表与深藏的爱心，总会成为守护我们的力量所在。

# 如何丈量人与人之间的精神高度

能拉开人与人差距的不是物质的盛宴，而是精神的高度。

朋友叶，三十多岁，开了两家公司，圈子里的人都称他是商业奇才。其实，他是个高度自负、自恋的人，总以为有了物质财富，就能站在精神制高点给别人当导师。他整天没事时便拿员工开涮，还喜欢被人簇拥着；好像自己有了物质，就成了身披盔甲、手持利刃的精神贵族。可背后常有人吐槽他："精神贵族是装不来的！"

公司大龄单身老曲最近在一个高档车的 4S 店遇上了桃花，处了两个月后，他才发现这个女生竟然是个骗子。

原来女友自称是空姐，每到一个城市都会发信息，要帮老曲买衣服、包包、化妆品、手表……老曲推辞不过，出于礼貌，就会买一点儿，然后爽快地微信划钱给她，顺带也多给钱让她买买买。后来，老曲粗略算了下，与她相处两个月，仅购物消费就支出了 20 多万，90% 都是给女友买的。

老曲发现这不是爱情，自己分明就是人家的取款机。后来，老曲给对方发了一个卡上无钱的截图，很快就被拉黑了。

朋友沐原在山村当老师，后外出打工，一年后，她又跑回山村重执教鞭，朋友问她为什么？她说外面水太深，不想被"精神压榨"。原来她应聘的那家大型公司，告密文化、马屁文化、功利文化、精致主义等盛行，比如，她除了打杂外，还要负责微信工作群，可这小小的微信群也是江湖，就连在群里发消息的受欢迎程度也各不同。

普通员工发的信息，基本无人点赞；审批部门的员工发的消息，有所求的人就会立刻冒出来讨好；高管发的信息，即使是与工作八竿子打不着的风花雪月，也轰动无比。某日领导在群里随便喊了一嗓子"今天天气好啊！"群里立刻热闹非凡，大家纷纷竖起大拇指点赞。有人暗示沐，这可是讨好领导的大好机会，沐觉得没必要凑这热闹。久而久之，她就被同事边缘化了，还经常莫名其妙地挨批。

现实中，这样的例子很多，庆幸的是，文中的老曲、沐，后来都从困扰中走了出来。而生活中有的人则会选择随波逐流。个人精神处于低维度，或处在低维度氛围中，所言所行就会离本心越来越远，让自恋自大、功利、欺骗等泛滥成灾，严重的还会让个人的精神世界崩塌。

那么，我们怎样才能提升精神高度呢？

1. 成为自律的人

自律是一种"有为"，就是约束自己的本能欲望，不被外界和欲望驱使而不能自拔。

要想做到自律，归纳起来，有以下几个方面：

（1）控制欲望。人确实需要适度的欲望推动，但欲望太多，会损伤自己的身心。老子《道德经》曰："道者反之动。"把物质看得太重，把功利心看得太重，必会轻义，适得其反。

（2）保持谦虚。谦虚不仅是一种修养，也是一种美德，更是一种境界，个人的精神层次越高，越会虚怀若谷，这也是一个人无往不胜的要诀。

（3）控制情绪。将情绪控制在稳定的范围内，小幅度波动，才能宁静致远。

2.成为正直、善良、阳光的人

文中的沐虽然与那些不同频的人在一起共事，但她内心有一个主体精神，始终保持自己的本心。

雨果的《悲惨世界》中有这样一句话："做一个圣人，那是特殊情形；做一个正直的人，却是为人的正轨。"

要想回到做人的正轨，就要像沐那样做一个正直、善良的人，不随波逐流，不势利，不拍马屁。

你问心无愧，整个人的精神面貌就会发生改变，就会心向阳光，而你的精神高度也终将得到别人的认可和敬仰。

3.成为利他的人

功利、精致、欺骗等都是私心自重的表现，喜欢抱怨上天不公，其实是一种"责任推卸"。

利他，就是助人。简言之，你越不算计，内心能量就越强，越会成为心理健康的人，成为有社会责任感的人，能持续不断地获得价值感、成就感和幸福感。

4.成为爱学习的人

多看书，看好书。

当你有了一生的学习能力时，生命就不会过得平庸；通过学习，你就不会被固有的常识、旧式价值观所束缚，甚至还会诞生思考的力量和新的追求，不断地被赋能，不断地提升自己。

# 累积太多的痛，就会诗流成河

人生有很多折叠的痛隐藏在诗里。

其实，诗就是一种修行，也是疼痛的呐喊和抚慰。

那天，一别十多年的朋友然，忽然加我微信，发来几首他写的小诗。

疯狂

人在疯狂 / 视觉听觉也会下降 / 此时 / 不相信真言 / 不相信宿命 / 不相信生命会化为灰烬 / 一味用执念在燃烧自己

直到有一天 / 将自己全交给了尘世 / 才能顿悟

悲伤

眼睛下雨了 / 心却没有伞 / 能擦干脸上的泪 / 却擦不掉心里的云

我不想拉仇恨 / 我打开心窗 / 走到阳光底下 / 太阳将我的抑郁 / 晒出长长的影子

我看到 / 原来 / 我灵魂上的戾气很重 / 还冒着丝丝紫烟

如果我能将太阳 / 常装在心里就好了 / 纵有再大的悲伤 / 有了正能 / 心也亮堂……

一个自称没有文艺细胞且从来不写诗的人，居然诗如泉涌，大概就是然十多年来的经历所致吧！

从青春的"疯狂"到尘世折载的"悲伤"幡悟，我仿佛看见一个入世者，孤独地行走在江湖，内心却有一种梦被现实冲撞的颠沛流离。

这种隐忍的痛，恰如"林花谢了春红，人生长恨水长东"，旁观者却无法理解。

我问他，那个曾被你捧在手心的女友怎么样了？你俩结婚了吗？

他很快又给我发来两首小诗。

给曾经的她

你的笑脸 / 像冬天 / 越来越没热量了

我的心 / 差点被冻住 / 满世界找不到火种 / 为它加热

只能望着你远去的窗外 / 等待 / 等待春天的到来 / 那里有一朵玫瑰 / 就像昔日的你 / 正悄悄盛开着笑脸……

所谓爱情

你爱的人 / 不一定最爱你 / 你不爱的人 / 也许一直爱你若狂 / 这种错爱 / 演绎了多少 / 跌宕起伏的故事

爱情 / 永远是雾里看花 / 永远是天上的那颗流星 / 只是 / 当她下凡人间 / 才被解释成 / 许多不同版本

原来，那段剔透如玉的爱情也禁不住风吹雨打。

"那么，你现在的生活怎么样了？"我问。

他又发来几首触心的诗篇。

青春

当我含泪 / 读完了青春这本书 / 往事的你 / 像一条惬意的鱼 / 一直在记忆深处游荡

我才懂得 / 那不是原本的我 / 真正的智慧的我 / 再也无法穿越回去 / 再也无法拉着你的手 / 满世界地飞

悟

你不在痛与苦中 / 感受生活 / 那不是真实的生活 / 你没被戴面具的人欺骗 / 你不知真正被背叛的心酸 / 平面看世界 / 你的眸光 / 反射的只是一面 / 人生还有很多折叠的痛苦 / 经历过 / 你才能悟得更深 / 你或许会发现 / 那夹带的成功 / 只不过是改变了自己的副产品……

我明白了，这么多年，然在成长过程中不仅饱经了风霜、历练了人事，还悟到了自己；无论生活多苦多痛，他都跟随内心，知变守恒。

"那么关于未来，你想过放手吗？还是相信梦依然还在？"我不禁问。

他略停顿一下，回应道：

沉沉的无奈

并不是 / 想放手就能放手的 / 在这座城市 / 当你累得 / 无处可逃 / 累得无处可退的时候 / 生活会将你钉在原地

你之所以 / 被绑架 / 被坚持 / 只源于 / 肩上 / 那份沉沉的无奈

相信

我知道不可能 / 还是相信可能 / 我知道不会成功 / 还是相信成功

在我还未弄清这个世界 / 在我的宿命还未到来前 / 我依然选择相信……

我很佩服然的这种"归来依然是少年"的心态。"出走数年"，虽然曾痛得"诗流成河"，却看清了生活的本质。他带着那一如既往的温厚、勤勉、隐忍，勇敢地从被裹挟着的人生泥潭中起航。

我没有更多精彩慰藉与他分享，只愿他能立刻收起折叠的痛，站在更高的云端去迎接新的曙光；也希望他此行跋山涉水抵达的不是远方，而是内心更真实、更强大的本我。

# 不要让孩子用一生去治愈童年

即使再有灵性的孩子，在面对父母的精神虐待时，都会充满了战栗和无力感。父母以"爱"的名义，剥夺孩子的选择权、尝试权和犯错权，孩子需要用一生来治愈童年。

一位从部队转业的朋友，对外人温文尔雅，对自己的孩子却是说一不二，绝对的专制。他早晨六点就吹"集结哨"，催孩子上学或参加各种才艺培训。孩子稍有不从或迟到，他就非打即骂，只要他认为孩子有错，就会立刻修正，否则扫帚"伺候"。

孩子参加高考，上什么大学由他定，学什么专业由他选。孩子快到结婚年龄了，每谈一个女友，他都觉得不符合自己的标准，坚决反对。后来，儿子与一女孩私定终身，他就以过年不准儿子回家、断绝父子关系来要挟。外人劝他不要这样，他却说："我都是为他好啊！"

那天，我遇到了从事家庭教育的朋友季，便咨询他，家庭教育对孩子的影响。

季说，不要用脾气去管孩子。孩子不是家长的附属品，他们跟父母是平等的。父母不尊重孩子的思考和想法，总以为自己才是全能全知的，口无遮拦，恨铁不成钢，想什么时候发飙就发飙，甚至还为这种行为贴上"我为你好"的标签。殊不知，父母每一句刻薄的语言，都包裹着极端的自私和自我，都会在孩子心里留下伤疤，对孩子的一生危害极大。

　　法国教育家卢梭认为，儿童在十二岁之前，粗暴的教育会让他幼小的心灵难以承受，埋下阴影。因此，望子成龙的父母，要把对孩子的警告变成鼓励，把对孩子的责备变成引导和恰当的点拨，给孩子更多的试错机会，让孩子在快乐中成长。

　　面对社会的浮躁、功利、攀比、升学压力等，有的父母容易产生欲望焦虑，忽视了孩子学业之外的需求，不会引导孩子发现学习的乐趣，一味地领着或赶着孩子去"打拼"，美其名曰"爱"。其实，这是以爱的名义对孩子的控制和包办，其背后的心理基础是对孩子的不信任。

　　父母错误地以为所有的竞争都可以促进孩子的进步，事实上，多数孩子即使暂时达成了目标，也不一定能达成父母的愿望。父母以自我欲望为中心、以病态比拼地奋斗为目标，从小就在各种排名和他人虚荣的眼神中长大，对孩子来说简直是灾难！

　　父母如果真正爱孩子，就要适当放手，即使有自己的想法，也要通过协商的方式，让孩子自己做出选择，从而让孩子在不断的尝试中去发展独立的人格。

　　生命本身就是一个奇迹，每个孩子自出生起，就有其独特的性格和优缺点，每个人都有自己的人生使命，随着年龄的增长，也会有自己的兴趣爱好。世上不是只有自己孩子差，别人家的孩子好！父母戴着有色眼镜看孩子，其实是其自卑感的延伸。

　　总之，合格的父母，既要给孩子提供一个高起点，又不能将本应自己承受的压力转嫁到孩子身上。

　　无论世事如何变化，为人父母，都要沉下心来，与孩子一起静待花开、共同成长。

# 真正爱自己，才能放过自己

人生的意义就是好好爱自己。准确地说，就是通过爱自己，最后放过自己。

"西方哲学史第一人"泰勒斯说过："我要哲学地活着。"意思就是，人要更好地与自己相处。

苏格拉底将"认识你自己"作为自己哲学的座右铭。

然而，至今很多人依然不知该怎样正确认识自己、爱自己，更不知该如何放过自己。

在朋友聊天群里，常常有人会问这样的问题：

我是谁？

我在哪？

这个问题似乎难以回答，似乎将来也不会有标准的答案！

但在这个不确定的世界，最容易被我欺负的就是自己，最容易被我责备的就是自己，最容易被我严苛、挑剔乃至误为完美的也是自己；

甚至在每遭遇一场心魔浩劫后，还会冒出一连串的问题：

我怎么啦？

我不是你吗？

这原是你的错，为何要栽赃、指责我？

为何要用别人的错惩罚我？

你是真的爱我吗？

难道就不能放过你自己？……

每每遇到这样的质问，我就无从应答。

朋友老曹，兴致勃勃地约我周末外出踏青，还特地在旅游用品店买了两顶帐篷。

到了周末，老曹却变了卦。他说，他家人的心情都糟透了。原来老曹上初三的女儿语文摸底测验，由全班第一跌到第三。放学回来，一个人关在房间哭了很久。老婆小羽这季度销售业绩跌出了公司的明星榜，被领导骂了两句，回家直抽自己耳光，现在半张脸还肿着。而老曹呢？跟进了快半年的融资项目，被银行风控否了，老曹气得直跺脚，最后还将珍藏在冰箱里的一瓶准备庆功的酒砸了。

我听后，一阵惋惜、唏嘘。老曹他们一家都是好人，都很努力。可是，他们却不懂得放过自己。更让人觉得无奈的是，只要摊上一点事儿，他们就喜欢把自己揪出来斗一斗。

最近，朋友彬遇到一件事。

那天，在下班回家的路上，一个骑电动单车的人不守规矩，撞了彬和一个路人后逃逸了，还回头骂他们不看路。彬感到很委屈。

巧的是，彬刚走到小区门口，就遇到了爱打抱不平的秦姨。

彬将此事告诉她，还问道："明明是别人撞了我，我却被骂了！有没有天理！"

秦姨笑了笑说："你这算啥？我比你更严重啊！"彬顿时瞪圆了眼。

秦姨接着就讲述了自己的事情。

前些天，一街坊两口子吵架，她主动上前劝了几句，却被两口子异口同声骂出了门。自己本是出于一片好心，却遭遇合力围剿，简直比窦娥都冤！吃了一星期的中药，她的情绪才平复。她老公在公司也是一副菩萨心肠，最近他的岗位却被老板的亲信代替了，他还觉得是自己没能做得更好。最让她担心的是儿子，儿子每跳槽一次，就会在腿上划一道口子，还口口声声说这些都是自己无能的印记……

听到这里，大家心里一定很沉重吧。也许你不禁要问："经常让我们生气的始作俑者到底是谁呀？"

我认为，生气的罪魁祸首，就是那个整天挥舞着我慢、我固、我执等令箭，且极度狂妄自大的大脑；"受气包"就是我们无辜的心灵。所以说，我们要学会爱自己。

爱自己，不是美化版的自私自利，不是情怀版的寄托于诗和远方，不是奢侈版的大吃大喝，不是末日版的倾尽所有去享受。爱自己是一种对内的修炼，是一种自信、知足地向内求，是一种对自我价值的反复确认，是一种懂得克制的健康生活，是一种讨好自己、赞美自己，是一种独一无二——即使在孤单得无人喝彩的时候，即使一直有人拒绝、否定、歧视你，依然没人能撼动属于自己的价值。

爱自己，就要与自己建立一种良性的关系。不是对自己苦苦紧逼，不是一味追求完美，不是以固有的习惯死盯着自己的缺点不放，不是一味责怪和攻击自己。

我们不是超人，只有勇于包容自己的缺点，诚实地承认自己的现状，才能认清自己的能力边界，才能有不超出自己上限的期待；只有对自己不作任何评价或批判，才能激发那发自内心的自尊、自信，直到活成自己心中的模样。

爱自己，才能给家人和社会更多的爱；当你学会爱自己时，就能通过体会自己的不易，体会到更多人的不易；当你包容自己的不足时，就能包容更多人的不足；当你勇于承担自己的责任时，就能承担更多的社会责任；当你发现自身若干美好的品质时，就会发现世界上更多的美。

爱自己的最终目的，就是要放过自己！不与完美攀比，不与他人攀比，不与社会攀比，不与未来攀比，不与嫉妒、羡慕较量，不去取悦别人，更不用错误惩罚自己。

在 次聚会中，我曾向同事丽娜讨教她爱自己的心得。

丽娜是个 30 多岁的阳光少妇，生活过得有滋有味。

她笑着说，其实很简单，就是放过自己，无论怎样，都要自我接纳，与自我和解。

丽娜考了三年，才上了一所普通大学。备考的三年时间，她失落过、沮丧过，甚至跑去烧香拜佛。

但后来她明白了，要放过自己，万事不能强求！于是，当放平心态后，果然考上了。

大学期间，校园里全是拍拖的情侣，丽娜恋爱了，但没过多长时间就被甩了。她告诉自己，多情总被无情伤，与其纠缠过往，不如放过自己，一个人也挺好的。

大学毕业后，她找到了自己的"白马王子"。甜蜜过后，却觉得有点不习惯，很怀念单身时光，但她又告诉自己，既然有了意中人，就要放过自己，真心地过好两人世界。

孩子出生后，丽娜的大部分私密空间被占据，有时也怀念两人世界的时光，但她从孩子身上收获了另一种快乐。她觉得应该放过自己，享受三口之家的温馨。

　　人生每个阶段都有不同的风景，爱风景，就是爱自己。

　　丽娜是幸运的，因为她知道，如何去取悦自己、开导自己、放过自己。

　　我们应该像丽娜一样，爱自己，放过自己，成为自己。